Valentin Bryantsev

O efeito da atividade solar nos ecossistemas marinhos

Valentin Bryantsev

O efeito da atividade solar nos ecossistemas marinhos

ScienciaScripts

Imprint

Cover image: www.ingimage.com

This book is a translation from the original published under ISBN 978-613-3-99256-6.

Publisher:
Sciencia Scripts
is a trademark of
Dodo Books Indian Ocean Ltd. and OmniScriptum S.R.L publishing group

120 High Road, East Finchley, London, N2 9ED, United Kingdom
Str. Armeneasca 28/1, office 1, Chisinau MD-2012, Republic of Moldova, Europe
Printed at: see last page
ISBN: 978-620-8-07759-4

CONTEÚDO.

INTRODUÇÃO 2
MÉTODO 5
RESOLUÇÃO DOS PROBLEMAS DE PREVISÃO A LONGO PRAZO NALGUMAS ZONAS DE PESCA DOS OCEANOS DO MUNDO 8
CONCLUSÃO 55
LITERATURA 56

INTRODUÇÃO

No processo de investigação oceanológica (Southern Research Institute of Marine Fisheries and Oceanography, Kerch, Ucrânia) para melhorar a metodologia das previsões a longo prazo das capturas de peixe e marisco em diferentes áreas do Oceano Mundial, foram reveladas as ligações entre os estados dos ecossistemas marinhos e as alterações a longo prazo das caraterísticas da atmosfera e da hidrosfera, que determinaram as condições físicas do ambiente aquático, os rendimentos e as peculiaridades do comportamento dos objectos de pesca.

Essas mudanças quase periódicas incluem, por exemplo, os processos auto-oscilatórios nos sistemas de Oscilação do Atlântico Norte e do Atlântico Sul, o fenómeno El Niño criado por intrusões periódicas de águas da Contracorrente Equatorial na zona da ressurgência Peru-Chile, e uma série de outros.

No entanto, os períodos identificados eram instáveis, variáveis e desvanecidos, ou seja, de pouca utilidade para a previsão. É aceitável assumir que a sua origem, "degeneração" e recuperação são causadas por alguns factores externos. Assumimos que a atividade solar e as suas flutuações plurianuais podem ser atribuídas a esses factores.

Este efeito foi demonstrado no trabalho de A.L. Chizhevsky, onde foram descritas muitas ligações da atividade solar, expressa sob a forma de números médios anuais de Wolf, com fenómenos meteorológicos, biológicos e mesmo sociais (Chizhevsky, 1973). Mais tarde, estas oscilações foram analisadas por I.V. Maximov juntamente com as oscilações das marés no Oceano Mundial.

Como resultado dos nossos estudos, obtivemos uma série de ligações estatisticamente fiáveis da atividade solar com indicadores do estado dos ecossistemas nas zonas de pesca do Oceano Mundial e com ligações de caraterísticas hidrológicas intermédias nestes processos. Assim, continuamos a lista de casos de influência (efeito) da atividade solar em objectos e sistemas naturais proposta por L.A. Chizhevsky e vários outros investigadores.

Nestas monografias, o mecanismo físico do impacto da atividade solar sobre as esferas terrestres é enunciado apenas hipoteticamente. É precisamente conhecida a sua influência na ionosfera, quando as erupções do Sol criam uma corrente de iões de carga positiva (o chamado "vento solar"), que excita a ionosfera, piorando as comunicações rádio em ondas curtas. A questão da transferência do impulso energético para a troposfera permanece em aberto. M.I. Budyko chama a atenção para a possibilidade do efeito destes processos sobre a constante solar, aumentando-a a valores elevados (Budyko, 1974). Há hipóteses sobre um efeito semelhante nos seus valores extremos - nos mínimos e máximos. Sinais da ligação entre a atividade solar e a constante solar são mostrados no livro de J.R.

Herman e R.A. Goldberg (Herman e Goldberg, 1981).

Os valores da atividade solar são representados por números de Wolf, na série bicentenária da qual se destaca uma periodicidade de 11 anos. Esta não é invariável, mas varia de 8 a 12 anos. Na revisão acima referida de I. V. Maksimov (1970), são dadas informações de vários autores que revelam flutuações rítmicas mais perenes - de 60-70 a 80 anos.

Um desses períodos, a saber, períodos de setenta anos, foi encontrado nas flutuações climáticas da Terra, o que se reflectiu em mudanças na sua taxa de rotação. Este fator geofísico é apresentado nos trabalhos de N.S. Sidorenkov e P.I. Svirenko (Sidorenkov, 2004; Sidorenkov, Svirenko, 198). A essência física do processo consiste no facto de que durante o arrefecimento e a acumulação de gelo nas regiões polares, a rotação do planeta acelera devido a uma diminuição do raio de massa (inércia do momento de rotação), enquanto que durante o aquecimento, as águas dos glaciares em fusão espalham-se no Oceano Mundial longe do eixo de rotação e a referida velocidade diminui. Os autores destes trabalhos determinaram que as oscilações plurianuais têm um período próximo dos 70 anos. O seu máximo foi observado em meados dos anos 30 do século passado. Consequentemente, o seu mínimo cai a meio da década de 70, e o próximo máximo no período 2005-2010 (Sidorenkov, 2004).

Para determinar o mecanismo das relações significativas obtidas, o preditor e o predito foram correlacionados com as caraterísticas hidrometeorológicas como elos intermédios no processo de transferência do impulso energético dos factores iniciais através das condições naturais de aumento da produtividade primária e dos pré-requisitos ambientais dinâmicos para a formação de agregações de objectos de pesca. Foram utilizados dados de séries de observações de temperatura a longo prazo em pontos costeiros que reflectem alterações climáticas ou intensidade do desenvolvimento de afloramentos, bem como índices calculados de frequência e intensidade de transportes atmosféricos sobre as áreas de água das zonas de pesca. As peculiaridades da circulação atmosférica sobre a área de água investigada foram usadas para tirar conclusões sobre o fortalecimento ou enfraquecimento dos fluxos no sistema conhecido de correntes de superfície, que presumivelmente poderiam aumentar a intensidade dos redemoinhos topogénicos na área de pesca do krill antártico, bem como aumentar a expatriação de crustáceos de áreas adjacentes, o que contribuiu para o sucesso da sua captura. As alterações no sistema de correntes, por exemplo, no Atlântico Norte, determinaram alterações no estado dos ecossistemas nas zonas de pesca, que influenciaram o rendimento e o comportamento dos objectos de pesca.

As séries de relações obtidas confirmaram a possibilidade de utilizar esta abordagem para a previsão da pesca, uma vez que os valores de ambos os factores utilizados têm flutuações periódicas conhecidas e, por conseguinte, podem ser extrapolados com uma certa precisão. Por exemplo, a metodologia de extrapolação dos números de Wolf é apresentada no trabalho de M.N. Khramova et al. (Khramova et al., 2001), e a curva da periodicidade indicada de 70 anos de mudança na taxa de rotação da Terra pode ser continuada após o seu máximo em meados da primeira década do século XXI.

Em seguida, apresentamos os resultados de estudos destinados a identificar as relações destes factores geo e heliofísicos com as capturas de peixes e de krill antártico, bem como com os pré-requisitos físicos para o seu rendimento e formação de agregações, em várias zonas de pesca. É de salientar que em nenhuma das zonas analisadas foi detectada uma relação estatisticamente fiável com pelo menos um deles ou as suas combinações.

Os objectos das previsões a longo prazo eram principalmente as capturas de peixe nas zonas de pesca, sob a forma de: capturas totais de todas ou de uma determinada espécie para o ano ou para o ano.

O maior número de indicadores de previsão inclui indicadores do krill antártico: capturas nacionais e de todos os países - nas partes atlântica e indiana do Antártico durante um ano ou na campanha de verão, existências na região e nas agregações comerciais ou existências nas mesmas. Os indicadores indirectos da abundância de objectos de pesca foram tomados como caraterísticas previstas da parte biótica dos ecossistemas: captura anual total de todos os produtos de presa ("colheita" segundo a definição de W. Royce (Royce, 1975), biomassa específica média anual de fitoplâncton; e também indicadores ambientais: temperatura da água, fundo térmico geral da zona aquática e fenómenos de stress para o ecossistema - áreas e intensidade de hipoxia e fenómenos de nublado na plataforma noroeste e no mar de Azov.

O autor expressa a sua sincera gratidão aos seus respeitados colegas Dr.B.Sc. A.K. Vinogradov, Dr.B.Sc. V.N. Bolshakov e Prof. Dr.B.Sc. G.G. Minicheva pela sua ajuda e valiosos conselhos na preparação do livro. Agradecimentos especiais a Y.V. Bryantseva, candidata a Ciências Biológicas, pelo apoio técnico.

METODOLOGIA

¡Como fator heliofísico, utilizámos o indicador de atividade solar sob a forma de números de Wolf (W) e respectivas anomalias W'= (|W - **W**|). Este número foi determinado por Wolf (citado por I.V. Maksimov (1970)) usando a fórmula:

$$W = k\ (10\ g + f), \qquad (1)$$

em que g é o número de observações de grupos e de manchas individuais contadas nesses grupos e separadamente, f é o número total de manchas contadas nesses grupos e separadamente, *k* é um coeficiente que depende do observador e do seu tubo.

A série de números de Wolf, com uma duração de mais de 200 anos, foi utilizada em 1915-2012, uma vez que a série mais longa de observações da temperatura da água à superfície no porto de Odessa, correlacionada com o fator especificado, começa a partir deste ano. No processo de determinação das relações da atividade solar com vários parâmetros, o seu valor médio foi calculado não a partir da amostra total, mas dentro do parâmetro investigado.

Um número de valores da velocidade de rotação da Terra que reflecte as alterações climáticas (fator geofísico δ) é expresso em unidades relativas de 0 a 1. O seu valor máximo (Sidorenkov e Svirenko, 1989)

O mínimo foi registado em meados dos anos 30 do século passado, e o mínimo em meados dos anos 70. De acordo com alguns sinais do estado do ecossistema do Mar Negro, registou-se um mínimo em 1972 (Bryantsev, 2010).

Assim, temos um fator heliofísico inicial com mudanças quase periódicas com um valor médio de 11 anos, mais precisamente 10,2 (Maksimov, 1970), e a sua anomalia com um período de 5-6 anos. Ao correlacionar estas séries com séries de caraterísticas pesqueiras, bióticas e hidrometeorológicas, foram obtidas relações estatisticamente significativas. O número e o nível destas últimas aumentam se tivermos em conta como correção da série de fundo a periodicidade de 70 anos dentro dos valores acima referidos de 0 a 1. Esta conta é expressa em indicadores complexos formados pela multiplicação dos números de Wolf e das suas anomalias pelos valores condicionais do fator geofísico (δ). Como resultado, obtemos 5 indicadores da influência dos factores primários externos aos ecossistemas sob a forma dos seguintes índices: W, δ, W', δW, δW'. Os seus valores para o período I960-1992 são apresentados no Quadro 1.

Na maior parte das vezes, três coeficientes eram suficientes para determinar o sistema de ligação global:

pressão atmosférica média no terreno (avaliação da ciclonicidade ou anticiclonicidade):

$$A_{00} = \Sigma\Sigma P \cdot (X_{m} . Y_{n}) \cdot \Psi(Y_{n}) / \kappa \cdot l;$$

de transferência zonal:

$$A_{01} = \Sigma\Sigma P (X_{m} \cdot Y_{n}) \ \Psi(Y_{n}) / \kappa \ \Sigma\Psi^{2} (Y_{n});$$

transferência meridional:

$$A_{10} = \Sigma\Sigma P \cdot (X_{m} \cdot Y_{n}) \cdot \varphi (X_{m}) / l \cdot \Sigma\varphi^{2} (X_{m}),$$

$_{mn}$em que φ, ψ são polinómios de Chebyshev, k é o número de nós em que a função é definida na direção X, l é o número de nós em que a função é definida na direção Y, P(X Y) é o campo de funções sob a forma de uma matriz quadrada (4 × 4).

Um exemplo da decomposição do campo bárico é dado a seguir. Cálculo dos coeficientes de expansão do campo bárico por polinómios de Chebyshev. Polinómios para uma variante do campo de 16 pontos (4 × 4).

Tabela 1. **Valores dos indicadores dos factores geo e heliofísicos para o período 1960-1992.**

Ano	W	δ	W'	δW	δW'	Ano	W	Δ	W'	δW	δW'
1960	112,3	0,34	48	38,1	16,3	1977	27,5	0,14	36	3,9	5
1961	53,9	0,31	10	16,7	3,1	1978	92,5	0,17	28	15,6	4,8
1962	37,5	0,29	26K	11	7,5	1979	155,4	0,2	91	31	18,2
1963	27,9	0,26	36	7,3	9,4	1980	154,6	0,23	91	35,6	20,9
1964	10,2	0,23	54	2,3	12,4	1981	140,5	0,26	76	36,4	19,8
1965	15,1	0,2	49	3	9,8	1982	115,9	0,29	52	33,6	15,1
1966	47	0,17	17	8	2,9	1983	66,8	0,31	3	20,8	0,9
1967	93,8	0,14	30	13,2	4,2	1984	45,7	0,34	18	15,6	6,1
1968	105,9	0,11	42	11,7	4,6	1985	18	0,37	46	6,7	17
1969	105,5	0,09	42	9,5	3,8	1986	13,4	0,4	51	5,2	20,4
1970	104,5	0,06	40	6,2	2,4	1987	29,4	0,43	35	12,5	15
1971	66,6	0,03	3	2	0,1	1988	100,2	0,46	36	46	16,6
1972	68,9	0	5	0	0	1989	157,6	0,49	94	77,4	46,1
1973	38	0,03	26	1,1	0,8	1990	142,6	0,51	79	72,9	40,3
1974	34,5	0,06	30	2	1,8	1991	145,7	0,54	82	78,8	44,3
1975	15,5	0,09	48	1,4	4,3	1992	94,3	0,57	30	53,6	17,1

1976	12,6	0,11	51	1,4	5,6						

Denotações : W - índice de atividade solar (números de Wolf); W' - anomalias dos números de Wolf (W' = W-W); δ - variação da taxa de rotação da Terra.

Ψ = φ = k - n+1/2 n = 4 k = 1,2,4

k, Ψ, φ - de forma semelhante:

1 - 2,5 = -1,5; 2 - 2,5 = -0,5; 3 - 2,5 = 0,5; 4 - 2,5 = 1,5.

Exemplo de cálculo:

Dados de campo (k = l = 4)

Resultados do cálculo	Pressão atmosférica				Resultados do cálculo		
		(P mb - 1000)			**∑P**	**Ψ**	**Ψ∑P**
	16	19	21	24	**80**	**-1,5**	**-120**
	13	17	17	17	**64**	**-0,5**	**-32**
	12	12	16	17	**57**	**0,5**	**28,5**
	12	15	16	16	**59**	**1,5**	**88,5**
∑P	**53**	**63**	**70**	**74**	**260**	**5**	**-35**
φ	**-1,5**	**-0,5**	**0,5**	**1,5**			
φ **∑P**	**-75,5**	**-31,5**	**35**	**111**			

$A_{00} = \Sigma\Sigma P\ (X_m, Y_n\ ) \cdot \Psi(Y_n) \ /\ k \cdot l = 260/4 \cdot 4 = 16{,}25$

$A_{01} = \Sigma\Sigma P\ (X_m, Y_n) \cdot \Psi(Y_n) \ /\ k \cdot \Sigma\Psi^2\ (Y_n) = -35/4 \cdot 5 = -1{,}75$

$A_{10} = \Sigma\Sigma P\ (X_m, Y_n) \cdot \varphi(X_m) \ /\ l \cdot \Sigma\varphi^2\ (X_m) = 35/4 \cdot 5 = 1{,}75.$

ABORDAR A PREVISÃO A LONGO PRAZO EM ALGUMAS ZONAS DE PESCA DO OCEANO MUNDIAL

1. Atlântico Norte

No estudo das zonas do Atlântico Norte, recorremos a dados retrospectivos sobre as capturas de peixe no período 1946-1985 (Marty e Martinsen 1969). As zonas analisadas onde foram obtidos coeficientes de correlação significativos (nível de significância não superior a 0,05) são apresentadas no quadro 2.

Este quadro apresenta as relações significativas obtidas em 8 das 10 zonas analisadas; as relações para as zonas do Mar do Norte e do Mar Báltico não foram significativas.

Para determinar o elo "meteorológico" no sistema de transmissão de impulsos energéticos aos níveis biótico e pesqueiro, utilizámos os valores de repetibilidade de seis tipos de campo bárico diagnosticados pelo carácter de localização geográfica das anomalias mensais da pressão atmosférica, dados na conhecida monografia de K. V. Kondratovich (1977).

As recorrências de tipo foram comparadas com séries de capturas e índices geo e heliofísicos. $_{12}$Os resultados da análise de correlação revelaram apenas duas relações significativas dos valores do tipo "T" (soma de T e T) com a atividade solar e o fator climático δ. Os valores dos coeficientes são -0,485 e 0,442, respetivamente. O esquema geral das relações obtidas é apresentado na Fig. 1.

Tabela 2. **Correlações das capturas de peixe no Atlântico Norte (capturas anuais, milhares de toneladas) com factores geo e heliofísicos**

Bairro	Tipo, distrito, ano	n	W	δ	δW	δW'
1	Capturas de peixes de fundo e peixes bentónicos nas águas da Islândia e da Gronelândia (1946-1965)	20		-0,499 <0,05	-0,572 <0,01	
2	Capturas de bacalhau nas zonas do limiar de Wyvila-Thomson e da Gronelândia (1954-1965)	12		0,843 <0,01		0,576 0,05
3	Capturas de robalo na zona 2 (1953-1965)	13			-0,579 <0,05	
4	Capturas de peixe nas zonas da Terra Nova, Labrador, N. Inglaterra e N . Escócia (1954-1965)	12		-0,961 <0,01		-0,606 <0,05
5	Capturas de bacalhau no sector	14		-0,905		-0,716

	ocidental do Atlântico Norte (1952-1965)			<0,01		<0,01
6	Capturas de pescada de arenque no sector ocidental do Atlântico Norte (1954-1965)	12		-0,795 <0,01		
7	Capturas de arenque no sector ocidental do Atlântico Norte (1956-1965)	10	-0,794 <0,01	-0,766 <0,01	-0,708 <0,01	
8	Capturas de peixe no Estreito da Dinamarca e no Canal da Mancha (1953-1965)	13		-0,806 <0,01		

Nota . Dados do ano (milhares de toneladas) com factores geo e heliofísicos (Marty e Martinsen, 1969). As designações são dadas no texto.

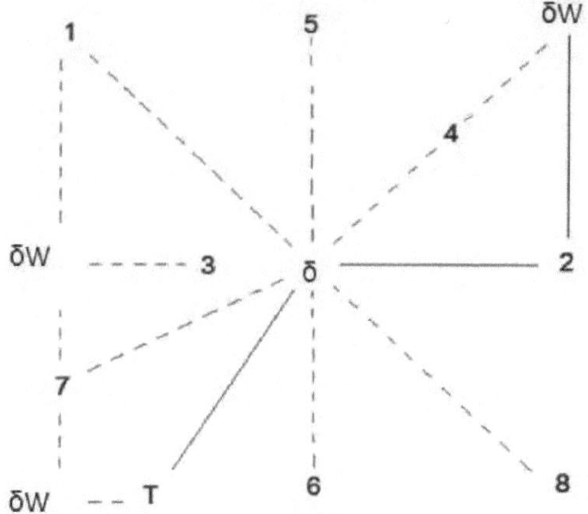

Fig. 1. Esquema das relações entre as capturas de peixe (ver Tabela 2 para os números dos distritos), os factores geo e heliofísicos (designações no texto) e a repetibilidade do campo bárico do tipo "T" (valores apresentados em K. V. Kondratovich, 1997). As linhas a tracejado indicam relações diretas, as linhas sólidas - relações inversas.

De acordo com este esquema, as taxas de captura de peixe nas áreas do Atlântico Norte, com exceção das capturas de bacalhau no limiar de Wyvil-Thomson (área 2, ver quadro 2), estão negativamente relacionadas com uma caraterística climática (T) reflectida pelo índice da taxa de rotação da Terra (δ). Esta caraterística está também inversamente relacionada com os valores da série 3 (capturas de robalo na zona 2) através do índice complexo δW, onde a influência do primeiro fator pode ser dominante. Consequentemente, o período de pesca analisado nas águas do Atlântico Norte ocorre numa altura de diminuição do índice climático δ, ou seja, no ramo descendente do ciclo de 70 anos acima mencionado. Ao mesmo tempo, na descrição geral das alterações climáticas globais (Budyko, 1974), este período é caracterizado pelo arrefecimento.

Consideremos ainda a relação direta do índice δ com a repetibilidade do campo bárico do tipo "T". Apesar do "oposto" das componentes deste tipo (T e T) indicado por K. V. 12Kondratovich indicado por K. V. Kondratovich, o "oposto" das componentes deste tipo (T e T), consistindo no facto de o primeiro se caraterizar por uma atividade ciclónica ativa na zona da Islândia e o segundo - pela sua deslocação para o Mar de Barents (Kondratovich, 1977) a sul da Islândia e da Gronelândia, intensificam-se os transportes atmosféricos de oeste e sudoeste, de norte e noroeste nas zonas da Terra Nova e das plataformas da Nova Inglaterra e da Nova Escócia. Consequentemente, na época de diminuição do valor do indicador climático δ, verifica-se, em geral, um enfraquecimento do afluxo de águas quentes da corrente do Atlântico Norte na parte oriental do Atlântico Norte e de águas frias da corrente do Labrador na parte ocidental.

O efeito favorável da diminuição da atividade solar manifesta-se em relação às capturas de arenque no sector ocidental do Atlântico Norte, diretamente e em conjunto com o indicador δ. Assim, as capturas de arenque aumentam com a diminuição da recorrência do tipo T (ver Quadro 2, Fig. 1).

Em conclusão, deve notar-se que existem relações significativas entre os factores geo e heliofísicos dados como indicadores climáticos e as capturas de peixe nas áreas de pesca do Atlântico Norte, que podem servir de base para uma metodologia regional de previsões de pesca devido à possibilidade de extrapolação de séries dos seus valores.

O efeito ecológico do sucesso da pesca nas zonas analisadas do Atlântico Norte pode ser estabelecido através da análise do padrão de relações entre as capturas e as caraterísticas hidrometeorológicas, geo e heliofísicas. Deverá igualmente ter em conta as relações que identificámos entre estes indicadores e o sistema geral de circulação atmosférica na região.

2. Mar de Barents

O volume de estudos efectuados no Mar de Barents permite-nos apresentar as alterações a longo prazo de uma série de propriedades dos seus ecossistemas de forma complexa. Por exemplo, no trabalho de Yu.Yu. Matishov et al. (2010) é feita uma importante conclusão de que o fundo térmico do mar determina a produtividade de vários objectos de pesca, e também enumera as ligações encontradas com a temperatura média anual da secção de Kola e as suas anomalias com a biomassa do bentos, com a sobrevivência do omnívoro - o caranguejo de Kamchatka e com o grau de migração do bacalhau para leste e norte do mar. Neste último caso, temos um exemplo de dependência das flutuações climáticas, indiretamente - o indicador da pesca. Assim, a previsão do fundo térmico, condicionada pela intensidade do afluxo das águas do sistema da Corrente do Golfo, permitiria prever todas as caraterísticas acima referidas.

Ao comparar os dados deste documento com os nossos índices climáticos, a coincidência do mínimo e do máximo da série δ com a menor e maior dispersão do bacalhau a leste e a norte do mar de Barents no final da década de 1970 e em 2004-2006, respetivamente, torna-se imediatamente evidente. As nossas análises de correlação de uma série de caraterísticas de Matishov et al. (2010) com o índice geofísico acima mencionado revelou a sua relação significativa com o valor da anomalia média ponderada da temperatura da água no "Meridiano de Kola" na camada de 0-200 m. O coeficiente de correlação é igual a 0,842 e o nível de significância é inferior a 0,01, apesar dos pequenos valores da série comparada (2001-2009).

O mecanismo do processo natural, cujo início é o impulso energético das flutuações climáticas e o elo final é a reação da parte biótica do ecossistema marinho e o nível de sucesso da pesca, pode ser representado incluindo o elo "atmosférico" e os seus efeitos subsequentes no sistema atual da região estudada. Neste estudo, tomámos os valores de recorrência de seis tipos de campo bárico no Atlântico Norte, diagnosticados pelo carácter de localização geográfica das anomalias mensais de pressão atmosférica da monografia de K.V. Kondratovich (1977).

$_{12}$Obteve-se uma correlação significativa com o índice δ (coeficiente 0,442, nível de significância 0,05) ao comparar a sua série com o valor total das anomalias do tipo "u" (u mais u). A primeira delas caracteriza-se por uma atividade ciclónica ativa nas proximidades da Islândia e a segunda pela sua deslocação para o Mar de Barents. Como resultado, os transportes atmosféricos de oeste e sudoeste intensificam-se a sul da Islândia e da Gronelândia (Kondratovich, 1977). Assim, durante a época de aumento do índice climático δ, o afluxo de águas quentes da Corrente do Atlântico Norte intensifica-se, o que se reflecte num certo número de anomalias de temperatura média ponderada na camada de 0-200 m (Matishov et al., 2010) e nas manifestações subsequentes desta influência no estado dos ecossistemas do Mar de Barents.

Para previsões indicativas plurianuais do nível térmico de fundo (T) e dos indicadores bióticos e pesqueiros conexos do Mar de Barents, consideramos aceitável utilizar valores extrapolados do índice climático δ na Eq:

$$T = 0{,}767\ \delta - 0{,}026. \qquad (2)$$

Só pode mostrar a tendência geral das alterações plurianuais da eficiência da pesca. No entanto, na prática da previsão das capturas de pescarias específicas, é aceitável "tornar mais grosseira" a previsão. Para este efeito, as séries correlacionadas de valores anteriores podem ser divididas em três intervalos igualmente prováveis (VanderWarden, 1960), podendo depois ser compilada uma matriz de correspondência de frequências e utilizada para determinar a probabilidade do nível da caraterística prevista em determinados intervalos do fator de previsão.

3. Prateleira da Patagónia

ºº A zona de pesca Falklands-Patagónia (mapa FAO n.º 41) situa-se entre 41-45 S e desde a costa da América do Sul até 55 W. As pescarias são: putasu do sul, merluza argentina, macronuts americanos e patagónicos, biqueirão argentino. Pescarias: putasu do sul, merluza argentina, macronuts americanos e patagónicos, biqueirão argentino. As lulas representam uma parte importante das capturas. A captura anual possível de peixes é de 1230 mil toneladas (Fisheries..., 1984). A biomassa total de produtos marinhos colhidos por ano, ou "colheita" como definida por Royce (1975), atinge 1800 mil toneladas. Por conseguinte, uma previsão plurianual da produtividade da pesca é essencial para as organizações e empresas de pesca. Por conseguinte, é proposto um método de previsão indicativa da pesca utilizando factores geo e heliofísicos para esta área (Bryantsev, 2012).

Os dados estatísticos da FAO para o período 1950-2008 foram utilizados como preditores para desenvolver uma metodologia de previsão do "rendimento" anual de peixe e marisco na zona da plataforma da Patagónia (U) com um avanço plurianual. As séries de atividade solar anual (W) e a taxa de rotação da Terra (δ) foram utilizadas como preditores. A fim de revelar o mecanismo de transferência de impulsos do impacto dos factores primários sobre a hidroestrutura e o campo de corrente da área de água investigada, que determinam a produção no ecossistema, considerámos a relação das capturas com as peculiaridades da circulação atmosférica e esta última - com os factores especificados. Estas caraterísticas são expressas por nós sob a forma de transportes atmosféricos, que foram calculados através da decomposição do campo bárico de superfície dentro da área numa série de polinómios de Chebyshev. A metodologia de cálculo é dada na monografia de K.I. Kudryava et al. (1974). Foi selecionado um campo de 16 pontos com distâncias aproximadamente iguais entre si e tendo em conta a convergência meridiana (Quadro 3).

Tabela 3: **Coordenadas dos pontos do campo bárico padrão**

Ψ°S.	λ° s.d.			
40	73	60	47	74
50	76	60	44	29

60	80	60	40	20
70	89	60	31	8

00-10-rNa análise foram utilizados os valores dos coeficientes de decomposição com média anual e semestral: A - pressão atmosférica média para o primeiro semestre e A0 - semelhante para um ano.

As séries designadas foram correlacionadas entre si. Os valores dos coeficientes de correlação foram obtidos com um nível de significância igual e inferior a 0,05.

Os resultados da análise de correlação das séries são apresentados no Quadro 4.

Quadro 4: **Coeficientes de correlação e níveis de significância para correlacionar séries de factores geo e heliofísicos, índices de circulação atmosférica e capturas comerciais totais na zona da plataforma da Patagónia** (notações textuais)

	δ	δW'
У	0,649 (< 0,01)	0,384 (< 0,01)
$A_{00\text{-}p}$	–	-0,379 (< 0,05)
$A_{00\text{-}1}$	–	-0,575 (< 0,01)

O sistema obtido mostra uma relação direta das capturas com a velocidade de rotação da Terra e a anomalia da atividade solar em complexo com o primeiro fator. Com este valor na relação inversa encontram-se indicadores de pressão atmosférica média no espaço de um ano e, com coeficiente de correlação ainda maior, em média para o primeiro semestre do ano, época da pesca. Assim, o padrão de correlações reflecte fisicamente o seu sucesso sob a circulação ciclónica e, consequentemente, sob os transportes atmosféricos meridionais na metade ocidental do campo bárico analisado. Este tipo de forçamento eólico reforça a Corrente das Falkland e os redemoinhos topogénicos na plataforma e na zona de interação com as águas da periferia ocidental da Corrente do Brasil.

A equação da relação entre as capturas totais e o índice δ, que reflecte as variações climáticas, é a seguinte

$$У = 1231{,}5\delta + 134{,}4, \qquad (3)$$

em que U - capturas totais em milhares de toneladas; fator δ - em fracções de um.

A equação pode ser utilizada para a previsão aproximada das capturas, uma vez que o fator climático pode ser extrapolado para qualquer número de anos, tendo em conta a sua certa periodicidade de flutuações de 70 anos

(Sidorenkov, 2004). O fornecimento da equação é baixo, no entanto, com uma precisão aceitável da previsão, pode ser expresso através de uma matriz de rácio de repetibilidade de valores de intervalos igualmente prováveis em que as caraterísticas são divididas, com a sua designação na forma: H - valores baixos, C - médios e B - altos. Os valores de captura correspondentes são apresentados na Tabela 5.

Tabela 5. **Intervalos de valores das capturas totais (U, milhares de toneladas) e do índice climático (δ)**

Símbolo	Gama		
	H	C	B
δ	< 0,33	0,33-0,66	> 0,66
y	< 0,356	356-1097	> 1097

A matriz de correspondência de recorrência calculada é apresentada na Tabela 6. Nela temos células informativas com repetibilidade zero da combinação de HB e BH, o que significa que não há casos de capturas elevadas em valores baixos do índice δ e os seus valores baixos em valores elevados de δ. Além disso, com valores elevados de δ, ocorrem capturas elevadas em 85% das vezes e em 100% das vezes ocorrem capturas elevadas e médias. Com valores baixos de δ, a probabilidade de capturas baixas e médias também atinge 100 por cento.

Assim, o principal fator determinante das alterações do sucesso da pesca (capturas totais de peixes e lulas) é a mudança climática auto-oscilante com um período de 70 anos, indiretamente reflectida pela taxa de rotação da Terra (índice δ).

Quadro 6: **Matriz de correlação da repetibilidade dos valores de captura e do índice δ**

y	δ		
	H	C	B
H	14 (0,61)	11 (0,48)	0
C	9 (0,39)	7 (0,30)	2 (0,15)
B	0	5 (0,22)	11 (0,85)
Σ	23	23	13

Além disso, manifesta-se também a influência da anomalia (diferenças em relação à média) da atividade solar (W'), que determina as oscilações com um período de 6 anos.

O máximo do fator principal mencionado cai em meados dos anos 30, e o mínimo - em meados dos anos 70 (Sidorenkov, 1989). Assim, o fim da série de capturas analisada quase coincide com o seu próximo máximo. Aproximadamente no período próximo do máximo δ (1991-2008), as capturas mais elevadas foram observadas na zona da plataforma da Patagónia. Consequentemente, a pesca nesta zona será bem sucedida até 2018, com um declínio subsequente até 2042.

4. Parte atlântica da Antárctida

As flutuações plurianuais das capturas de krill antártico na parte atlântica do Antártico (ACA) são causadas por alterações na estrutura das correntes, que determinam o transporte de crustáceos para as zonas de pesca e a intensidade dos ciclos topográficos que criam condições para a formação de agregações de pesca. Este efeito é determinante para o estado dos ecossistemas nas zonas de pesca do Oceano Mundial, por exemplo, no Mar Negro (Bryantsev, 2001, 2010), nas partes oriental e ocidental do Oceano Pacífico e no Atlântico Sudeste (Cushing, 1995). No último dos 23 artigos acima referidos, o autor resume os dados de outros investigadores, nos quais as capturas de sardinha e de biqueirão são associadas aos seus rendimentos. As diferenças plurianuais destes últimos são determinadas pela reorganização dos sistemas de correntes em macro-escala, sob a influência de certas caraterísticas da circulação atmosférica (CA) devidas às alterações climáticas globais.

Em confirmação deste esquema de dependências, são apresentadas correlações significativas das capturas de peixe com a temperatura média do ar e da camada superficial do Oceano Mundial, com o influxo de energia solar, com os transportes atmosféricos de certas direcções no hemisfério norte.

Estas relações, no entanto, não podem ser utilizadas para previsões plurianuais porque os factores de previsão listados não são previstos devido à pequena memória do oceano e muito menos da atmosfera.

O objeto da previsão são as capturas de krill do Antártico em três zonas da ASA: ao largo das ilhas Shetland do Sul e Orkney do Sul e ao largo da ilha Geórgia do Sul, bem como as capturas totais (dados da FAO). Presume-se que estes valores reflectem o rendimento do krill, mas sobretudo a intensidade do transporte a partir dos mares de Weddell e Belinshausen e as caraterísticas do sistema de correntes local. Como referido (Kramer 1975), os índices integrais são mais eficazes para determinar as relações estatísticas do que os dados pormenorizados sobre o tempo e a área.

Para estabelecer a relação entre o sucesso da pescaria de krill na ASA e os transportes atmosféricos, utilizámos as séries de capturas totais de krill nas áreas listadas com as designações 48.1, 48.2 e 48.3, respetivamente, para o período 1982-2008, e 24 capturas totais na ASA (área 48) em 1977-2008 (em milhares de toneladas). 000110Os factores externos são representados pelos valores dos coeficientes de decomposição do campo bárico por polinómios de Chebyshev: A , A , A , em média para o primeiro e o segundo semestre do ano e para o conjunto do ano. 00O campo bárico padrão (superfície) foi determinado no intervalo 40- 70 S, 2-73 W. E. Os seus 16 pontos foram localizados em nós de grelha (4 × 4) com distâncias aproximadamente iguais entre si (tendo em conta a convergência meridiana). Os coeficientes foram calculados de acordo com a metodologia acima referida (Kudryavaya et al., 1974). O primeiro deles reflecte o valor da pressão média (predominância de ciclicidade ou anticiclonicidade), os outros 4 - a intensidade dos transportes atmosféricos elementares (zonais e meridionais).

Os índices dos factores "iniciais" são apresentados sob a forma de séries: a atividade solar (W), o seu módulo de anomalia (W' = W - Wsr. polinomial), a taxa de rotação da Terra (δ - em unidades relativas, de 1 no máximo a 0 no mínimo), com periodicidade, em que o primeiro cai a meio da década de 30, o segundo a meio da década de 70), bem como os seus produtos (δW e δW').

Os dados anuais de captura de krill foram somados para o segundo semestre do ano anterior e o primeiro semestre do ano seguinte. A imprecisão da comparação daí resultante foi compensada pelo facto de os valores das caraterísticas geo e heliofísicas serem uma função contínua. Além disso, as relações foram verificadas por correlações com uma mudança de ano.

Os coeficientes de correlação obtidos pela comparação das séries são apresentados no quadro 7.

Quadro 7. **Coeficientes de correlação das relações das caraterísticas geo e geofísicas com os índices de transporte atmosférico e as capturas de krill no Atlântico Antártico** (notações no texto)

Funções	Argumentos					
	W	δ	W'	δW'	A10-2	A10-p
A00-1	-	-0,406	-0,369	-0,594	-	-
Aaargh!	-	-0,359	-	-0,401	-	-
A01-1	-	-	-0,374	-	-	-
Distritos U, NN						
48.1	0,389	-	-	-	-	-
48.2	-	-0,565	-	-	-0,516	-0,444
48.3	-	-0,375	-	-	-	-

48	0,531	-0,498	0,505	-	-	-

As correlações obtidas permitem tirar um certo número de conclusões diretas e indirectas sobre a dependência das capturas de krill nas diferentes zonas e no conjunto da ASA em relação a certos transportes atmosféricos (ver quadro 7). Assim, o sistema de relações diretas da atividade solar e da sua anomalia com as capturas totais na ACA e na zona 48.1 e a relação inversa da anomalia com o transporte zonal permitem inferir uma relação inversa com o transporte especificado das capturas na primeira zona. $_{01}$Além disso, uma vez que o valor positivo de A no hemisfério sul denota uma transferência este-oeste, a relação inversa com este denota um efeito positivo da **transferência para oeste** no sucesso da pescaria de krill na zona das ilhas Shetland do Sul.

Neste caso, estão inversamente relacionadas com a transferência meridional (na segunda metade do ano e no conjunto do ano) de **sul para norte**. $_{00}$A relação inversa destas capturas com a taxa de rotação da Terra, que por sua vez está inversamente relacionada com o indicador de **anticiclonicidade** dentro da área analisada (A), confirma esta relação, uma vez que o transporte do sul é realizado na parte oriental do vórtice anticiclónico (no hemisfério sul).

Um sistema semelhante de relações e valores de captura na área 48.3. Aqui, a relação com a velocidade de rotação da Terra e a anticiclonicidade podem denotar a sua relação direta com o **transporte para sul e para leste.**

Assim, a forma anticiclónica dos transportes atmosféricos no interior do campo analisado cria um sistema de circulação da água que contribui para a formação de acumulações comerciais de krill antártico.

De acordo com a lógica do esquema de dependência construído, os principais indicadores do "mecanismo" que determina as flutuações interanuais das capturas de krill são a anomalia da atividade solar e a taxa de rotação da Terra. Como se pode ver, o indicador mais comum, - as capturas totais de krill no ACA, apresenta as melhores correlações com os dois factores iniciais. O coeficiente de correlação múltipla é de 0,827. Equação de regressão:

$$Y = 202{,}52 - 177{,}141\delta + 2{,}297\ W' \qquad (4)$$

permite fazer uma previsão plurianual das capturas (Y) na ACA ao obter os valores dos argumentos extrapolando-os para qualquer período. O princípio geral da previsão baseia-se no facto de as maiores capturas de krill no ACA ocorrerem em valores de atividade solar próximos dos extremos (as maiores diferenças em relação à média W) e durante épocas com baixa velocidade de rotação da Terra (δ). Ambos os factores determinam as peculiaridades da circulação atmosférica durante estes períodos, o sistema de correntes no ACA, a direção e a intensidade do transporte de água e o grau de turbilhonamento, que proporciona o efeito de acumulação e a formação de agregações comerciais de krill. De acordo com a natureza das caraterísticas mencionadas, estas produzem flutuações nas condições de pesca com periodicidades de 6 (W') e 70 anos (δ).

Em conclusão, constatamos que as séries plurianuais de valores da atividade solar e da velocidade de rotação da Terra, que reflectem indiretamente as flutuações climáticas, estão significativamente correlacionadas com as capturas de krill antártico nas três zonas comerciais da parte atlântica do Antártico e com as particularidades da circulação atmosférica na região. Supõe-se que a predominância da componente anticiclónica determina aqui o sistema de correntes em macroescala favorável ao transporte e à formação de acumulações comerciais de crustáceos.

O esquema fragmentário de correlações reduz-se, no entanto, a uma simples consequência - uma influência positiva do reforço da Corrente Circumpolar Antárctica e do seu ramo nordeste.

Por conseguinte, a possibilidade de extrapolar estas caraterísticas geo e heliofísicas iniciais constitui uma base para a criação de uma metodologia de previsão plurianual do sucesso da pesca.

5. Oceano Índico, parte do Antártico (Mar da Commonwealth)

As flutuações plurianuais das unidades populacionais de krill antártico (*Eufausia superba* Dana) no mar da Commonwealth são muito significativas para as empresas que o pescam no Antártico, uma vez que, segundo as estatísticas, a sua abundância durante vários anos é substituída por anos de ausência quase total de acumulações adequadas para uma pesca racional. Foi igualmente estabelecido que a acumulação de crustáceos no mar indicado e na parte aberta adjacente do Oceano Índico é condicionada não tanto pelo seu rendimento, mas pela intensidade do transporte pelas correntes e pelo turbilhonamento destas últimas em remoinhos topográficos e sinópticos quase estacionários (Maslennikov, 2003). Por conseguinte, a nossa avaliação das unidades populacionais é efectuada apenas nos pesqueiros tradicionais da zona designada.

Foram investigadas as relações entre alguns parâmetros da circulação atmosférica, que reflectem indiretamente alterações na estrutura do campo de corrente, e as reservas de krill obtidas nas expedições marinhas do South

Research Institute of Marine Research and Development. As caraterísticas do campo atmosférico foram calculadas a partir dos dados do arquivo da pressão atmosférica à superfície.

As comparações estatísticas das séries podem ser utilizadas para as previsões operacionais e mensais. A circulação atmosférica no sudoeste do Oceano Índico foi analisada com base em dados de pressão atmosférica num campo padrão de 16 pontos entre 50 e 65°S e 45-75°E. Os pontos de controlo das pressões de superfície foram marcados tendo em conta a convergência meridiana e as distâncias entre eles em latitude de 300 milhas e longitude de 382 milhas (Fig. 2).

0001021020Os primeiros cinco coeficientes (A , A , A , A e A) foram calculados, reflectindo, respetivamente: média do campo, transporte zonal, zonal na parte norte e sul do campo, meridional, meridional na parte oeste e leste do campo.

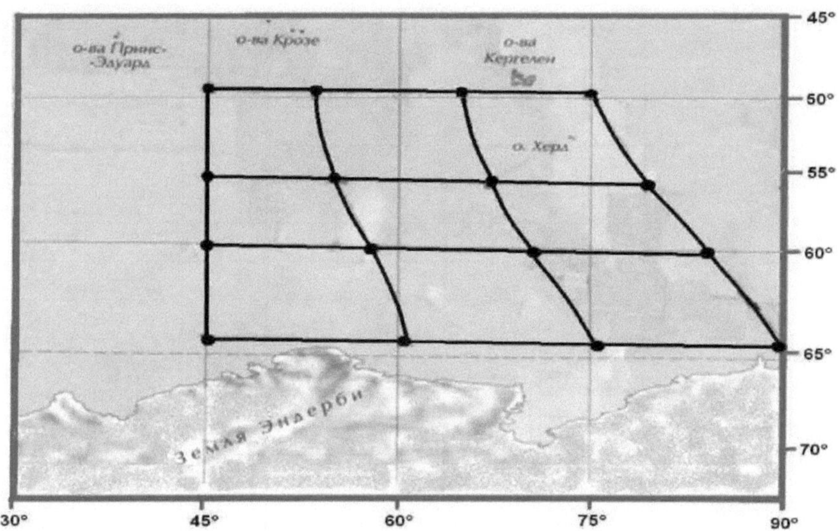

Fig. 2. Grelha normalizada para o cálculo dos coeficientes da decomposição do campo bárico de superfície em séries de polinómios de Chebyshev

Os produtos dos valores de δW e δW foram igualmente utilizados. O stock de krill antártico foi determinado no mar da Commonwealth e na parte adjacente do oceano aberto, em milhões de toneladas, para o período de 1977-1990, com base nos dados dos inquéritos do Instituto de Investigação Sul de Oceanografia e Investigação (Samyshev, 1991; Bibik, Yakovlev, 1990).

A análise de correlação resultou nas relações apresentadas no Quadro 8 e na Fig. 3. 3.

00'A pressão atmosférica média dentro da área de água designada (A), na média temporal do período: verão, outono e primavera subsequente, está positivamente relacionada com todos os elementos dos factores do "pentagrama" (W, W', δW e δW), excluindo a velocidade de rotação da Terra (δ), mas com sinais da sua influência nos complexos δW e δW\ As séries listadas representam o tempo do período de navegação, ou seja, janeiro, fevereiro, março, abril, novembro e dezembro.

MOR*Quadro 8:* **Coeficientes de correlação e níveis de significância das relações entre os seguintes indicadores: circulação atmosférica, atividade solar, taxa de rotação da Terra (e suas combinações) e unidades populacionais (3) de krill do Antártico no mar da Commonwealth (W) e zonas adjacentes do oceano Índico (W)**

	Argumentos							
Funções	W	δ	W	δW	δw'	Aoo	A10	Ao2
Aoo 1975-92	0,718*	-	0,471	0,600*	0,591	-	-	0,590
	< 0,01	-	< 0,05	< 0,01	<0,01	-	-	< 0,01
Ao2	0,462*	-	-	-	-	-	-	
	< 0,05	-	-	-	-	-	-	
Aio	-	-	-	-	-	-	0,693	
	-	-	-	-	-	-	< 0,01	
Aθι-ιι	0,528	-	0,529	-	-	-	-	
	< 0,05	-	<0,05	-	-	-	-	
3, distritos NN.								
3M	-0,336	-0,471	-	-	-	-0,528	-0,663	
1977 - 1990	> 0,05**	> 0,05**	-	-	-	0,05	< 0,01	
3	-	-	-	-	-	-		0,544*
ʲOK	-	-	-	-	-	-		< 0,05

* Coeficientes de correlação num desvio de 1 ano (ver Fig. 1 para notações).

** Coeficientes não significativos mas utilizados no cálculo do coeficiente de correlação múltipla. Ver Capítulo 1 para outras notações.

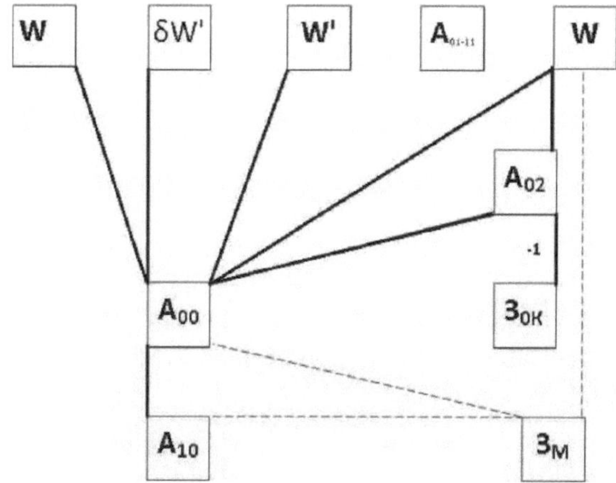

Figura 3. Gráfico das relações entre as unidades populacionais de krill antártico na zona do mar da Commonwealth e os indicadores da circulação atmosférica e os factores geo e heliofísicos (ver secção 1 para as notações). As linhas sólidas indicam relações diretas, as linhas tracejadas indicam relações inversas, -1 - desvio de 1 ano

Por conseguinte, a correlação foi efectuada de forma síncrona e com um intervalo de um ano. Em regra, os coeficientes mantiveram o mesmo sinal e, nalguns casos, foram superiores aos primeiros. Isto deve-se à monotonicidade das funções dos factores geo e heliofísicos, em que os valores anteriores diferem pouco dos posteriores. Os coeficientes com maior significância foram incluídos na matriz de generalização. Na Fig. 3, as relações com o desvio estão assinaladas com menos 1.

1002As correlações da pressão média com os transportes atmosféricos A e A , apesar de uma certa convencionalidade (cálculo destes valores a partir de dados de um campo, mas com polinómios diferentes), são tidas em conta. A alta pressão, os transportes do norte prevalecerão, bem como do leste na parte sul do campo e do oeste na parte norte. Estas três caraterísticas estão inversamente relacionadas com as unidades populacionais de krill no mar da Commonwealth e na zona "oceânica". Assim, as direcções de transporte favoráveis ao aumento das unidades populacionais de crustáceos seriam as opostas às indicadas, ou seja, **para sul e oeste na parte sul da zona e para leste na parte norte da zona**. Ambas as zonas estão localizadas na parte sul do campo analisado, pelo que se pode supor que a direção destes transportes contribui para o reforço do ramo sul da Corrente Circumpolar Antárctica (ACC) e para o enfraquecimento da Corrente Costeira Ocidental. O transporte meridional, juntamente com o vórtice atmosférico anticiclónico convencionalmente formado pelos transportes favoráveis indicados, determinam a expatriação do krill da costa para as zonas de pesca e o aumento da vorticidade do campo de corrente, criando um efeito de recolha para o mesmo.

Uma ilustração adicional do sistema apresentado é uma ligação direta do transporte zonal (oeste) em fevereiro com os factores de atividade solar e os seus valores extremos (W').

Assim, o cálculo da pressão atmosférica média dentro do campo padrão selecionado, os transportes zonais e meridionais podem servir como um dos argumentos para a previsão operacional do sucesso da pesca, tendo em conta a sua relação inversa.

Para as previsões plurianuais, devem ser utilizadas as relações mediadas entre a atividade solar e a taxa de rotação da Terra (com as suas capacidades de extrapolação) e as unidades populacionais de krill do mar da Commonwealth. A equação de ligação derivada do modelo de análise de regressão múltipla é a seguinte

$$3\text{M} = 15{,}8 - 0{,}03W - 21{,}2\delta \qquad (5)$$

(R = 0,679, 86% de segurança da equação).

Trata-se igualmente de uma previsão indicativa para a parte oceânica da zona de pesca, pois existe uma correlação direta significativa entre as unidades populacionais das duas partes ($r = 0{,}750$, $p < 0{,}01$).

001002Assim, pode concluir-se que uma diminuição dos valores médios anuais da atividade solar e da velocidade de rotação da Terra e dos transportes atmosféricos que deles dependem diretamente (A , A e A) conduz a um aumento das unidades populacionais de krill antártico no mar da Commonwealth e nas zonas de águas adjacentes da parte aberta do oceano Índico. O enfraquecimento destes transportes e o reforço dos transportes opostos favorecem o transporte dos crustáceos para as zonas de pesca e aumentam os remoinhos do campo de correntes, o que provoca a formação das suas densas agregações.

Assumindo uma dependência indireta das unidades populacionais de krill dos factores acima referidos, apesar do facto de a equação de acoplamento ser derivada para um período limitado, podemos construir um gráfico condicional das alterações plurianuais das unidades populacionais de krill na região do mar da Commonwealth utilizando os dados e os valores de argumento extrapolados até 2013 (Fig. 4).

Os valores negativos na equação de prognóstico devem-se aos valores elevados da velocidade de rotação da Terra na época do seu máximo. A julgar pelo gráfico, os sinais de um aumento constante das unidades populacionais de krill aparecem depois de 2010, e as possibilidades de pesca efectivas aparecem dentro de 3-4 anos.

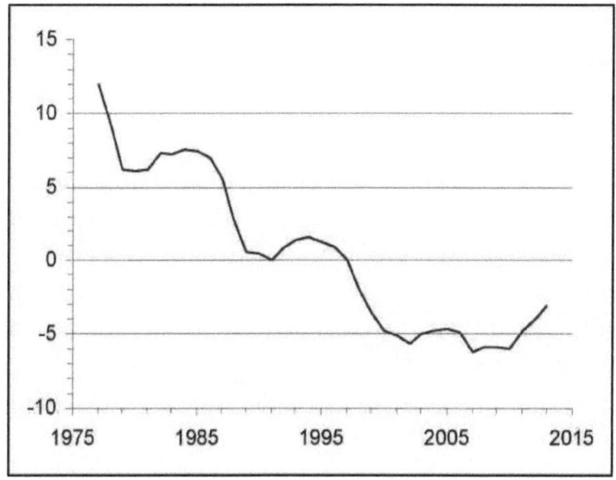

Figura 4. Gráfico condicional das alterações das unidades populacionais de krill do Antártico no mar da Commonwealth

6. Sudeste do Pacífico

Na literatura sobre o rendimento e o comportamento do carapau peruano, principal espécie comercial fora da zona económica das 200 milhas no sudeste do Pacífico (SEP), as relações empíricas são amplamente apresentadas: diretas com os factores oceanográficos e indirectas com os factores meteorológicos. Algumas delas são apresentadas na descrição das pescas na região (Fisheries..., 1985). De uma forma mais geral, estas relações são abordadas numa síntese efectuada por Cushing (1995). Esta síntese reúne informações de vários autores sobre a relação entre as capturas anuais de sardinha e de anchova nos oceanos Pacífico e Atlântico e as alterações globais das caraterísticas climáticas. Os aumentos e diminuições das capturas destas espécies estão relacionados com: os valores médios anuais da temperatura do ar e da superfície dos oceanos no hemisfério norte; a quantidade de radiação solar que atinge a superfície da Terra; e os padrões de circulação atmosférica. O último destes factores determina alterações no sistema de correntes e, consequentemente, na intensidade e localização dos ciclos em macroescala. Em função da sua deslocação, a intensidade da ressurgência costeira altera-se, criando o afluxo de sais biogénicos à camada fótica e o nível de produção primária, que determina o rendimento dos peixes.

No entanto, as relações obtidas não podem ser aplicadas para a previsão da pesca a longo prazo (um ano ou mais), uma vez que os factores determinantes acima referidos não são previstos com tal antecedência. Foram feitas tentativas para relacionar as alterações nos campos actuais com o processo El Niño e a Oscilação Sul (ENYC), mas a sua natureza auto-oscilante com um período instável não permite utilizar as dependências para a previsão.

A nossa abordagem baseia-se na utilização de um certo número de factores geo e heliofísicos, nomeadamente a atividade solar e as alterações da taxa de rotação da Terra, que são extrapoláveis e, por outro lado, podem ser relacionados com as alterações da circulação atmosférica e dos campos de correntes de grande escala, bem como com os rendimentos e o comportamento da pesca. Ao encontrar estas relações, podemos construir um esquema de dependência e criar uma série de equações de regressão para as previsões das capturas de chicharro do Peru no SEE (Bryantsev, 2009a).

Como análogo do rendimento e da formação de agregações comerciais de carapau peruano, foram consideradas as suas capturas no SEE por todos os países em 1985-2005 (Budyko, 1974). Esta abordagem é também utilizada por Cushing (1995) para estimar indiretamente as unidades populacionais de diferentes espécies de peixes.

Na comparação com as séries acima referidas, as caraterísticas adoptadas foram utilizadas como factores "iniciais". Os factores de "segundo nível" - os valores dos transportes atmosféricos - foram calculados decompondo o campo bárico padrão numa série de polinómios de Chebyshev. Inclui a área de água investigada da Corrente Circumpolar Antárctica e o sistema associado da Corrente do Peru. No lado oceânico desta última, as acumulações comerciais de cavala formam-se em ciclos de macroescala.

Em análises posteriores, apenas as transferências meridionais foram consideradas suficientes:

$$A_{10} = \sum_{1}^{k}\sum_{1}^{L} (XmYn)\varphi_1(Xm)/L\sum_{1}^{k} \varphi_1^2(Xm); \quad (6)$$

$$A_{20} = \sum_{1}^{k}\sum_{1}^{L} (XmYn)\varphi_2(Xm)/L\sum_{1}^{k} \varphi_2^2(Xm), \quad (7),$$

12em que k, L são o número de nós do campo, respetivamente, ao longo dos eixos X (paralelo) e Y (meridiano), Xm, Yn são os valores da pressão atmosférica (menos 1000 mb) nos nós da grelha adoptada, φ e φ são os polinómios de primeira e segunda expansão.

1020 No hemisfério sul, um valor positivo de A reflecte o transporte a partir do norte, enquanto que A ▪ reflecte um transporte semelhante na metade ocidental do campo.

As séries foram comparadas pelo método de correlação de pares e múltipla (Brooks e Caruthers, 1977). Os coeficientes com um nível de significância não superior a 0,05 foram incluídos na matriz de correlação.

Na prática da previsão haliêutica, pode ser suficiente representar o preditor sob a forma de três intervalos, por exemplo, três intervalos igualmente prováveis: valor baixo (H), valor médio (C) e valor alto (H) (Brooks e Caruthers, 1977). [2]A matriz de frequências coincidentes destes valores mostra o nível de coincidência, cuja significância é avaliada através do índice χ de Pearson de hipóteses nulas (Van der Varden, 1960):

$$\chi^2 = \Sigma\ (Xi - pn_i)/pn_i + \Sigma\ (Yi - qn_i)/qn_i, \qquad (8)$$

$p = \Sigma Xi/\Sigma n$, $q = \Sigma Yi/\Sigma n$, n – em que é o número de membros das séries comparadas X e Y.

As ligações da atividade solar e das suas anomalias com as particularidades da circulação atmosférica, ou, diretamente, com as capturas de peixe, são consideradas sem explicações físicas, de acordo com o princípio da "caixa negra", embora encontremos sinais de tais ligações na literatura, a começar pela monografia de A. L. Chizhevsky (1973). L. Chizhevsky (1973).

1020 Como mostra a comparação das correlações das caraterísticas analisadas, a captura de cavala peruana no SEE está em relação direta com o módulo da anomalia da atividade solar e em relação inversa com os transportes atmosféricos meridionais (A e A) calculados pelas equações (4 e 5) separadamente para o primeiro e o segundo semestre do ano (ver quadro 8).

O quadro 8 mostra, além disso, um coeficiente ligeiramente inferior ao nível limite de significância (-0,415, crítico 0,433), mas ambas as relações dos factores extrapolados com as capturas de sarda (St, milhões de toneladas) produzem um elevado coeficiente de correlação múltipla de 0,749 e uma equação de regressão utilizada para a previsão a longo prazo:

$$St = 3{,}36 + 0{,}016W' - 1{,}8\delta \qquad (9)$$

A sua dotação é de 52%, mas a previsão da pesca também pode ser representada como três intervalos igualmente prováveis (Quadro 9).

Quadro 9: **Índices de correlação entre as capturas de cavala peruana no SEE e os factores externos no período 1985-2005.**

y	Factores							
	W'	δ	A_{10-1}	A_{10-2}	A_{10-p}	A_{20-1}	A_{20-2}	$A_{-год}$
Coeficiente de correlação	0,453	-0,415*	-0,504	-0,611	-0,588	-0,438	-0,592	-0,533
Níveis de significância	<0,05	>0,05	<0,05	<0,01	<0,01	<0,05	<0,01	<0,01

[2] Consideremos o poder preditivo de ambos os factores quando o preditor é "engrossado" para um score binário: valores médios e altos (C e B) e abaixo de 2,64 milhões de toneladas (H) (Tabelas 10 e 11), aplicando o método de avaliação da significância para o critério de emparelhamento de frequências - χ de Pearson.

Quadro 10. **Intervalos de probabilidade iguais das caraterísticas das capturas anuais de cavala peruana na EES (St, milhões de toneladas) e seus determinantes**

Valores	Filas		
	H	C	B
St	< 2,64	2,64-3,93	> 3,93
W'	< 39	39-56	> 56
δ	< 0,58	0,58-0,78	> 0,78

Tabela 11. **Matriz de comparação das frequências dos valores do módulo da anomalia da atividade solar e das capturas de chicharro do Peru no SEEO**

St	W'			
	H	C	B	Σ
CB	3 0,38	4 0,50	4 0,80	11
H	5 0,62	4 0,50	1 0,20	10
Σ	8	8	5	21

[22]A hipótese nula é aceite no primeiro caso (Tabela 10), em que χ = 2,258 com um nível de significância > 0,10, e rejeitada no segundo caso, em que χ = 9,261 com um nível de significância < 0,01. Assim, as relações da segunda matriz são bastante fiáveis. No entanto, a primeira também nos dá informações adicionais para uma previsão provisória: nela, quando W' é elevado, existem níveis de captura médios e elevados com uma probabilidade de 80%. Na segunda matriz, com uma probabilidade de 100%, um nível elevado de δ corresponde a capturas baixas.

O mecanismo das ligações dos factores iniciais (W' e δ) com os transportes atmosféricos é revelado pela comparação das suas correlações (Tabela 12). A tabela mostra que a taxa de rotação da Terra (δ) está numa relação inversa com os transportes meridionais na primeira metade do ano e durante o ano, e o módulo da anomalia da atividade solar (W') tem uma relação ainda mais estreita (nível de significância 0,01 em três casos em cinco) com os transportes atmosféricos indicados (realização na influência conjunta - δW').

Quadro 12. **Matriz das relações de correlação dos factores geo e heliofísicos com os transportes atmosféricos na zona hidrográfica do SEE analisada (séries para o período 1972-2001).**

Fator de transferência	δ	δW'
A_{10-1}	-0,381(< 0,05)	-0,504(< 0,01)
A_{10-2}		-0,364(< 0,05)
$A_{10\text{-год}}$	-0,371(< 0,05)	-0,455(< 0,05)
A_{20-1}	-0,398(< 0,05)	-0,477(< 0,01)
$A_{20\text{-год}}$	-0,434(< 0,05)	-0,492(< 0,01)

Uma conclusão simples pode ser tirada deste sistema de relações: a taxa de rotação da Terra e o módulo da anomalia da atividade solar estão diretamente relacionados com o transporte meridional de sul para norte, ou seja, com o transporte de água da área da Corrente Circumpolar Antárctica (ACC) para o sistema de afloramento do Peru. Isto provoca um aumento do afluxo de águas produtivas de altas latitudes para a zona de ressurgência peruana, simultaneamente com a sua amplificação dinâmica e intensificação dos ciclos de macroescala. Assim, o rendimento da cavala aumenta e as condições da sua acumulação na zona de pesca melhoram. Assim, a previsão plurianual pode basear-se nos factores extrapolados W' (Khramova et al., 2001) e δ - na continuação da série plurianual tendo em conta a periodicidade de 70 anos.

Quadro 13. **Factores extrapolados e capturas projectadas de chicharro na UEES em unidades absolutas (milhões de toneladas) e relativas**

Ano	W'	δ	St (milhões de toneladas)	Avaliação
2009	16	0,94	1,92	H
2010	27	0,91	2,15	H
2011	56	0,88	2,68	C
2012	52	0,86	2,64	C

2013	43	0,83	2,56	H
2014	3	0,80	1,97	H
2015	27	0,77	2,40	H
2016	52	0,74	2,86	C
2017	59	0,71	3,04	C

A extrapolação efectuada e os indicadores dos quadros 9 e 11 permitem-nos ter uma perspetiva provisória para a pesca da sarda no SEEO. Os níveis médios e baixos da velocidade de rotação da Terra, tendo em conta o seu ramo descendente após o máximo de 2007, serão caraterísticos a partir de 2014, pelo que podemos supor um aumento constante das capturas de 2015 a 2016. É de esperar um aumento intermédio, de acordo com a extrapolação dos valores da atividade solar e das dependências apresentadas nos quadros 10 e 11, em 2011 e 2012. Obtém-se aproximadamente a mesma previsão através de cálculos utilizando a equação (7). Na Tabela 13, apresentamos as capturas projectadas assumindo o nível de exploração da base de matérias-primas típico para o período analisado e sem ter em conta alterações climáticas significativas. Na presença destes factores, a previsão corresponde às caraterísticas relativas indicadas no quadro 10 (H, C, B).

7. Mar da Arábia*

As alterações do estado do ecossistema na zona aquática do Mar Arábico ocidental, em função de factores naturais apresentados no trabalho de S.A. Piontkovski (Piontkovski et al., 2016), incluem efeitos como a diminuição da produtividade primária, expressa pela concentração de clorofila *a*, a diminuição das capturas de sardinhas e o aumento da frequência de eventos de sobreaquecimento ao largo da costa de Omã. Mas, ao ter em conta os factores gerais de influência, existe a possibilidade de previsão plurianual de tais alterações devido à extrapolação destas últimas (Bryantsev, 2013). Estes incluem: indicadores de atividade solar (W - Wolf numbers), o módulo das diferenças em relação à média (anomalia - W'), dados sobre a alteração da taxa de rotação da Terra, reflectindo alterações climáticas no planeta (δ) (Sidorenkov e Svirenko, 1989), bem como os seus produtos (δW e (5W').

$_{w}$Efectuámos uma análise de correlação entre os factores acima referidos e os valores da concentração de Chl. *a* como principal indicador do estado do ecossistema, bem como os valores das componentes zonal e meridional do campo de vento (Z $_{Mw}$) retirados do trabalho mencionado de S.A. Piontkovsky. Os seus resultados são apresentados no Quadro 14 e na Fig. 5, a partir dos quais se pode ver que a abundância da produção primária no Mar Arábico ocidental durante a monção de verão diminui à medida que a componente zonal do campo de vento aumenta. Este último, como se sabe (Kanaev et al., 1975), provoca uma circulação anticiclónica geral das águas no Mar Arábico e uma diminuição da produtividade da área aquática (exceto nas zonas costeiras).

Esta secção é da autoria de Y.V. Bryantseva.

Tabela 14. **Coeficientes de correlação e níveis de significância das relações dos valores médios de chl. *a* no Mar Arábico ocidental*.**

Argumento Função	Z_W	W	Δ	δW	δW'
hl. *a*	-0,466 < 0,01				-0,353 < 0,01
M_w			-0,463 < 0,01		-0,411 < 0,01
Z_W		0,508 < 0,01		0,761 < 0,01	0,543 < 0,01

* Período da monção de verão, componentes meridionais e zonais do campo de ventos (1960-2013), bem como factores externos: atividade solar, indicador de alterações climáticas da Terra e respectivos produtos (ver texto para as designações).

Assim, num contexto geral de diminuição da produção primária em alguns anos, o efeito acima referido aumenta com a intensificação da monção de sudoeste.

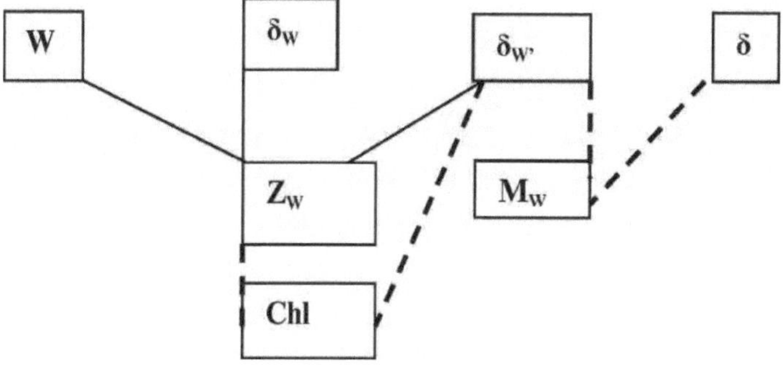

Fig. 5. Diagrama esquemático das relações entre caraterísticas e factores do ecossistema do Mar Arábico ocidental: linha sólida - relações diretas; linha tracejada - relações inversas (ver texto e Quadro 14 para as designações) 44

Com a ajuda da extrapolação dos factores iniciais enumerados, incluindo as flutuações cíclicas de 11 (W), 5-6 (W') e 70 (δ) anos, respetivamente, é possível prever a abundância da produção primária na zona aquática investigada e todas as consequências apresentadas no trabalho acima mencionado de C.A. Piontkovsky.

8. Bacia do mar de Azov e do mar Negro

8.1. Escoamento do Dnieper e do Danúbio

$_i^3$Os índices heliofísicos da atividade solar - números de Wolf e as suas anomalias |Wr = W - Wcp| são correlacionados com os valores dos escoamentos anuais (km) dos rios Dnieper e Danúbio no período 1961-1983, a fim de identificar as suas relações estatisticamente significativas para obter uma previsão aproximada plurianual do seu escoamento. Ambas as séries de valores de escoamento superficial estavam correlacionadas entre si (r = 0,619, nível de significância 0,01), o que sugere que existe um sinal de um sistema de ligações entre processos hidrometeorológicos na zona temperada da Europa.

As caraterísticas climáticas locais foram avaliadas por L.A. Kovalchuk (2012) com base na temperatura média mensal do ar e nos dados de precipitação mensal em Kiev, registados pelo Serviço Hidrometeorológico da Ucrânia no período de 1900 a 2010. Com o consentimento do autor, utilizámos estes dados para o período analisado de 1961-1983, para o qual calculámos as séries de somas de precipitação mensal (EOS) e as dispersões nas séries de valores médios diários da temperatura do ar para cada ano ($\sigma(t)$).

Os resultados das análises de correlação dos escoamentos do Dnieper e do Danúbio com as séries acima referidas e os índices de atividade solar são apresentados no Quadro 15 e na Fig. 6. 6. Mostram a dependência média dos escoamentos do Dnieper e do Danúbio com a atividade solar. O mecanismo de transferência de energia da atividade solar para a troposfera ainda não foi determinado com precisão. No entanto, os trabalhos de vários investigadores apresentam hipóteses de tal ligação. Na monografia de M.I. Budyko, por exemplo, é apresentada uma hipótese de tal sistema de influência (Budyko, 1974).

Quadro 15. **Índices de correlação dos escoamentos do Dnieper (Dn) e do Danúbio (Du) com as caraterísticas meteorológicas e heliofísicas (coeficientes de correlação e níveis de significância)**

Argumento Função	W	Ira	ΣOc	σ(t)
Dn	0,572 < 0,01		0,524 < 0,05	
Duh		0,509 < 0,05	0,467 < 0,05	
Xhos				0,476 < 0,05

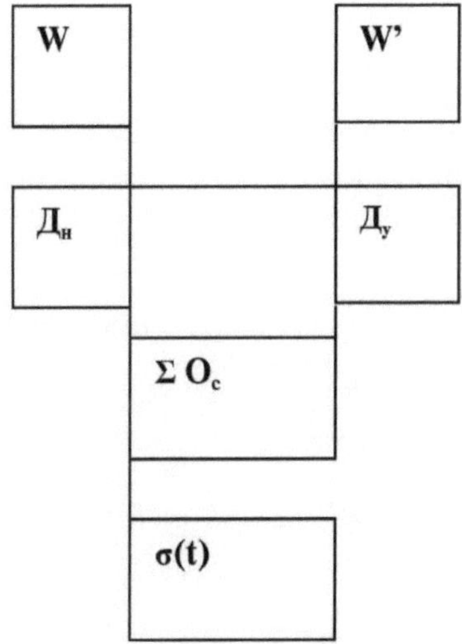

Figura 6. Esquema das relações de correlação das caraterísticas (ver Quadro 15)

A ligação direta detectada do escoamento dos rios mencionados com a quantidade de precipitação e a intensidade das flutuações da temperatura do ar indica indiretamente um aumento da frequência da passagem de ciclones na região estudada.

Assim, a equação de regressão da relação entre o escoamento do Dnieper e a atividade solar

Dn = 34 + 0,16W,

com 83% de probabilidade (para o Danúbio - apenas 74%) pode ser utilizado para previsões indicativas com um ano de antecedência. O preditor (W) pode ser extrapolado, tendo em conta a periodicidade das suas flutuações próxima dos 11 anos, ou quantitativamente - de acordo com a metodologia apresentada em Khramov et al. (2001).

8.2. Mar Negro (águas profundas)

Durante os estudos oceanológicos do YugNIRO nos últimos anos, foi estabelecido, em particular, que as mudanças a longo prazo nos elementos do ecossistema da parte oriental das águas profundas estão correlacionadas com os indicadores da circulação atmosférica, as caraterísticas térmicas das águas e, em conjunto, com factores geo e heliofísicos externos ao mar (Bryantseva et al., 1996; Bryantsev e Bryantseva, 1999). As relações listadas são apresentadas na Tabela 16. Nela, os argumentos são indicados nos títulos das colunas, as funções - nos títulos das linhas. A repetição de designações deve-se ao facto de uma determinada função ser um argumento de outra relação.

[3]O principal objeto de análise é a biomassa específica média anual do fitoplâncton, em mg/m, na camada de 0-100 m, de acordo com os dados dos inquéritos sazonais da YugNIRO na zona oriental (águas profundas).

Quadro 16

Relações de correlação dos elementos do ecossistema do Mar Negro profundo (coeficientes de correlação e níveis de significância)

Elementos (funções) do ecossistema	Argumentos									
	AQO	ф	Tho	TБ	q	E	W	δ	W'	δW
ф 1960-1986	0,430 <0,03	-	-	-	0,519 <0,01	0,563 <0,01	-	-	-	-
Bx 1967-1987		0,486 <0,05	-	-0,488 0,03	-	-	-	-	-	-
B 1985-2000	-	-	0,640 0,01	-	-	-	-	0,669 0,01	-	-
Aoo 1960-2008	-	-	-	-	0,394 0,04	-	-	-	-	0,304 0,01
AQI 1960-2008	-	-	-	-	-	-	-	-	-	0,538 0,01
Ayu 1960-2008	-0,404 0,02	-	-	-	-	-	-	-	-	-
Para 1985-2000	-	-	-	-	-	-	-	0,642 0,01	-0,243 <0,05	0,614* 0,05
Б T 1960 1986	-0,370 <0,05	-	0,631 <0,01	-	-	-	-	-	-	-
H 1960-1986	-	-	-	-	-	-0,498 0,04	-	-	-	-
q 1960-1986	0,304 0,01	-	-	-	-	-	-	-	-	-

Notas. БAs funções To T q - são simultaneamente argumentos. * Para a série 1928-1992.

Os elementos bióticos finais do ecossistema são os peixes de ciclo curto: hamsa (Ukh, capturas de milhares de toneladas no período 1967-1987) e espadilha (Shlyakhov e Sprat) (Shlyakhov et al., 1992). Os últimos elementos bióticos do ecossistema são peixes de ciclo curto: hamsa (Ukh, capturas em milhares de toneladas por viagem de 1967 a 1987 e espadilha (Shlyakhov et al., 1990); B - dados de capturas de 1985 a 2000 (Shlyakhov e Chashchin, 2000).

Os índices de circulação atmosférica foram obtidos através da decomposição dos valores diários do campo bárico padrão sobre a área da bacia hidrográfica do Mar Negro-Azov numa série de polinómios de Chebyshev. Os coeficientes utilizados são: 000110A - pressão atmosférica média do campo, A - índice de transporte zonal, A - índice de transporte meridional. 0БT e T - designações das séries de temperaturas médias anuais, respetivamente, nos portos de Odessa e Batumi, q - valor do consumo antropogénico irrecuperável de água na bacia do mar de Azov-Mar Negro (diferença entre o escoamento natural e o escoamento real de água doce em km cúbicos. 00km de acordo com os dados conhecidos (Nikolenko, Reshetnikov, 1991), H - valores da entropia estatística, que é um indicador da medida de diversidade na comunidade fitoplanctónica da parte oriental (águas profundas) do Mar Negro, E - impacto total dos factores naturais e antropogénicos, obtido pela adição dos índices A e q após a normalização de ambas as séries pela amplitude (Bryantsev, 2010).

Por um lado, a abundância de fitoplâncton na área de água estudada depende diretamente das peculiaridades da circulação atmosférica. Estas relações, juntamente com os factores antropogénicos (δ, E, H), foram descritas por nós anteriormente (Bryantseva et al., 1996). 0010Por outro lado, a pressão atmosférica elevada (A) está associada à predominância do transporte atmosférico para norte (A), o que favorece o reforço da circulação ciclónica da água e a subida das águas produtivas profundas na circulação ocidental e oriental do mar Negro. 0БA diminuição da temperatura da água (T e T) reflecte o aumento da ressurgência costeira. Ambos os processos contribuem para um aumento da base forrageira, bem como dos rendimentos da hamsa e da espadilha do mar Negro.

Assim, é aceitável assumir a influência na circulação atmosférica do fator de atividade solar e dos seus valores extremos (máximos e mínimos) indicados na monografia de M.I. Budyko (1984). Com efeito, excluindo os valores anómalos de três anos da série do fitoplâncton, obtemos coeficientes de correlação significativos da biomassa específica com as duas caraterísticas - W e W', respetivamente, 0,534 e 0,438, sendo $p < 0,05$. A ausência de tal efeito no período anterior pode ser explicada pelo facto de esta época corresponder ao 20° ciclo de atividade solar, que tem um máximo significativamente menor em comparação com o subsequente.

O ano de 1972 marca um mínimo no ciclo de alterações da velocidade de rotação da Terra, reflectindo a autocomposição de oscilações climáticas com um período de 70 anos. A sobreposição de ambos os factores e a influência antropogénica criaram um precedente para uma tal mudança na comunidade fitoplanctónica e no estado do ecossistema do Mar Negro, que pode ser rotulada de stressante (Bryantseva et al., 1996).

8.3. Ecossistema do Mar Negro

No processo da nossa investigação, revelámos mudanças sucessivas em alguns elementos biológicos do ecossistema do Mar Negro no período de 1960 a 2000. Ao mesmo tempo, os seus valores na primeira metade deste período (1960-1972) diferiram significativamente da segunda metade a partir de 1973 (Mashtakova e Samyshev, 1986; Bryantseva et al., 1996; Bryantsev, 2004; Bryantsev e Kriskiewicz, 2008; Bryantsev e Bryantseva, 2010). Foram reveladas correlações das flutuações interanuais das caraterísticas hidrometeorológicas e bióticas com a atividade solar (números de Wolf) e com a velocidade de rotação da Terra (valores condicionais de 0 a 1) que reflectem as alterações climáticas do planeta (Sidorenkov, 1989; Sidorenkov, 2004). Neste último caso, as flutuações de algumas das séries analisadas foram correlacionadas com a periodicidade de 70 anos desta caraterística geofísica estabelecida por N.S. Sidorenkov e P.I. Svirenko, em que o máximo ocorreu em meados dos anos 30 e o mínimo em meados dos anos 70 do século passado (Sidorenkov e Svirenko, 1989).

No contexto destas mudanças, que podem ser traçadas no segmento ascendente da curva de flutuação climática (de 1973 a 2006), é difícil identificar os efeitos do aquecimento do clima da Terra, especialmente porque a sua própria manifestação na atmosfera e na hidrosfera é complexa e ambígua. De acordo com a literatura (Turner, 2009), juntamente com a evidência do impacto do aquecimento do clima sob a influência dos gases com efeito de estufa, são enumerados vários factores que influenciam a atmosfera e a hidrosfera em ambas as regiões circumpolares. Estes incluem caraterísticas da orografia, distribuição terra-mar, alterações no albedo da superfície do mar, aerossóis vulcânicos e a dimensão do buraco do ozono na Antárctida. As interações dos seus elementos e os feedbacks são acrescentados ao sistema de influências.

Naturalmente, no caso do Mar Negro, os efeitos hidrometeorológicos do aquecimento também são distorcidos 52

devido ao "carácter local" da região e ao seu afastamento do Oceano Atlântico. No entanto, mesmo aqui há sinais da influência do aquecimento climático. Estes manifestam-se, nomeadamente, na série de observações a longo prazo da temperatura da camada de água superficial, em que a temperatura média e a dispersão de 1973 a 2006 diferem significativamente dos indicadores de vários anos anteriores.

БAs séries analisadas incluem índices de temperatura da água nos portos de Odessa (To, 1915-2006) e Batumi (T , 1925-1992), que utilizámos como caraterística para refletir as caraterísticas oceanográficas das áreas de água da plataforma noroeste e da parte oriental do Mar Negro (Bryantsev, 1977).

00Os índices de circulação atmosférica (pressão atmosférica média (A), transportes atmosféricos) foram determinados para o período 1960-2006, decompondo o campo bárico padrão à superfície na zona marítima numa série de polinómios de Chebyshev. 0010012002Ao analisar e comparar as séries, foram utilizados os primeiros cinco coeficientes que reflectem: a pressão média de campo (A) e os transportes: de sul para norte (A), de oeste para leste (A), de sul para norte na metade ocidental do campo e de norte para sul na metade oriental (A), de oeste para leste na metade sul do campo e de leste para oeste na metade norte (A). Os valores negativos destes coeficientes reflectem direcções opostas.

Os dados hidrobiológicos incluíam: área e médias anuais da média ponderada da biomassa de fitoplâncton e zooplâncton na camada (0-100 ou 0 horizonte inferior, consoante a profundidade do local).

(respetivamente, Fv e /v - na parte oriental do Mar Negro, Fsz e /sz - na plataforma noroeste do Mar Negro), obtidos durante os inquéritos sazonais padrão do South-NIRO durante os períodos de 1957-1960 a 1984-1989 (Simonov et al., 1992). Foram também calculados os valores médios de biomassa para os principais taxa de fitoplâncton nas zonas - diatomáceas (Dsz, Rsz) e peridínio (Dv, Rv) e o seu rácio (D/Rsz e D/Rv) (Bryantseva et al., 1996).

A comparação das séries de caraterísticas hidrometeorológicas e hidrobiológicas foi efectuada utilizando o método da correlação. As diferenças de média e variância das séries foram avaliadas pelo método das hipóteses nulas (Van der Varden, 1960; Aksyutina, 1968).

As comparações de todas as caraterísticas dos dois períodos: de 1973 a 1989-2006 e o período anterior (começando em anos diferentes de 1915 a 1960 e terminando em 1972) mostraram diferenças nas séries de períodos em termos de valores médios e de variância. O quadro 17 apresenta as variantes das comparações em que as hipóteses nulas foram rejeitadas com um nível de significância de pelo menos 0,95 pelo critério de Student (t) e/ou Fisher (F) (Aksyutina, 1968; Brooks e Caruthers, 1977).

A série mais longa de observações da temperatura das águas superficiais no porto de Odessa (1915-2006) reflecte as peculiaridades da influência direta da atmosfera no estado das águas da plataforma noroeste do Mar Negro, enquanto a segunda série, "Batumi", está correlacionada com o valor médio da temperatura das águas superficiais ou com o fundo térmico de todo o mar (Bryantsev, 2010).

Os dados da Tabela 17 mostram que os valores da temperatura média anual para o período 1973-2006 não diferiram dos valores para toda a amostra e para os demais intervalos de tempo, mas a dispersão desse período superou significativamente esse valor nos demais. Esta superioridade sobre os valores do período 1915-1934, como segmento ascendente semelhante da curva de periodicidade de 70 anos das alterações climáticas, confirma as hipóteses de que o intervalo de tempo estudado inclui a influência não só das habituais alterações climáticas autocolectivas indicadas, mas também sinais de aquecimento do clima da Terra. O aumento da variabilidade interanual neste período é ainda confirmado pela presença nele de extremos na série geral de 90 anos - mínimo absoluto em 1985 (8,8 °C) e máximo absoluto em 1999 (12,9 °C).

A diferença do período analisado na série de Batumi foi expressa numa diminuição significativa do fundo térmico do Mar Negro (Quadro 17), ou seja, mostrou a sua diminuição na época do aquecimento climático. O mínimo absoluto da série de observações de 67 anos (1987, 15,4 °C) também foi registado durante este período. O paradoxo deste facto é explicado pelo facto de o efeito de aquecimento se ter manifestado nesta região na alteração da forma da circulação atmosférica, tal como descrito na literatura (Turner, Overland, 2009). $_{Q02}$Encontramos provas deste facto nos resultados que comparam a pressão média (A J e o tipo de circulação atmosférica (A). Ambos mostram uma diminuição da frequência de ocorrência dos transportes atmosféricos do tipo ciclónico.

O enfraquecimento e a diminuição da frequência de ocorrência do sistema de transportes de oeste na parte sul do mar e de leste na parte norte, bem como a predominância de transportes de retorno na fase negativa do sistema, indicam o reforço da ressurgência costeira nas partes sul e leste do mar e o reforço da circulação ciclónica nos dois principais círculos do Mar Negro, daí o influxo de águas produtivas profundas para a camada fótica. Ao mesmo tempo, o aumento da frequência da circulação da água sob transportes de oeste na plataforma noroeste favorece a acumulação de água fluvial descarregada aqui, 5

Diferenças significativas na média e na variância durante o período estudado

Quadro 17

Série de períodos	Caraterísticas	Linhas (períodos)	N	X	Σ	Número de comparações de linhas	T	F	Nível de significância t	Nível de significância F
1	‰	1915-1934	20	5	0,71	1-2	-	2,31	-	>0,95
2		1973-2006	34	11,0	1,08	2-3	-	2,40	-	>0,95
3		1915-1972	58	5	0,70	-	-	-	-	-
4		1915-2006	92	5	0,85	-	-	-	-	-
5		1925-1972	47	16,8	0,61	5-6	3,75	-	> 0,999	
6	T_6	1973-1992	20	16,2	0,56	-	-	-	-	-
7	A_{00}	1960-1972	13	15,6	0,74	7-8	3,20	-	>0,99	-
8		1973-2004	32	16,4	0,72	-	-	-	-	-
9	AQ2	1960-1972	13	0,10	0,071	9-10	4,76	-	> 0,999	-
10		1973-2006	34	-0,062	0,116	-	-	-	-	-
11		1960-1972	13	603	212	I 1-12	2,64	7,29	>0,95	>0,99
12	F_{n3}	1973-1988	12	1108	571	-	-	-	-	-
13		1960-1972	13	142	60	13-14	5,13	-	> 0,999	-
14	Hzz	1973-1988	16	60	46	-	-	-	-	-
15	Fc	1960-1972	13	82	39	15-16	4,00	112,68	> 0,999	> 0,999
16		1973-1984	12	562	414	-	-	-	-	-
17	$D\prod_3$	1957-1972	16	498	185	17-18	-	8,49	-	>0,99
18		1973-1989	16	810	539	-	-	-	-	-
19	$P\prod_3$	1957-1972	16	76	49	19-20	-	4,77		>0,99
20		1973-1989	16	134	107	-	-	-	-	-
21	$_c\sum D\ P_{\pi 3}$	1957-1972	16	573	202	21-22	2,93	7,33	>0,99	>0,99

22		1973-1989	16	1014	547	-	-	-	-	-
23	cD/PΠ3	1957-1972	16	9,40	5,78	-	-	-	-	-
24		1973-1989	16	5,58	5,03	-	-	-	-	-
25	³/₄	1964-1972	9	66	28	25-26	45,89	178,42	>0,999	>0,999
26		1973-1989	16	442	373	-	-	-	-	-
27	Pc	1964-1972	9	21	10	27-28	-	5,86	-	>0,99
28		1973-1989	16	42	23	-	-	-	—	-
29	c∑D Pc	1960-1972	13	74	34	29-30	3,66	133	>0,99	>0,999
30		1973-1989	16	484	387	-	-	-	-	-
31	cD/Pc	1964-1972	9	3,9	2,6	31-32	2,42	10,09	>0,95	>0,999
32		1973-1989	16	ID	8,3					

o que determina um influxo adicional de sais biogénicos devido ao afloramento. Uma diminuição significativa da temperatura no período analisado da série de Batumi e um aumento anómalo da biomassa de fitoplâncton em ambas as zonas estão relacionados com este facto.

Na parte oriental do mar, a interação das caraterísticas listadas é mostrada na Fig. Fig. 7.

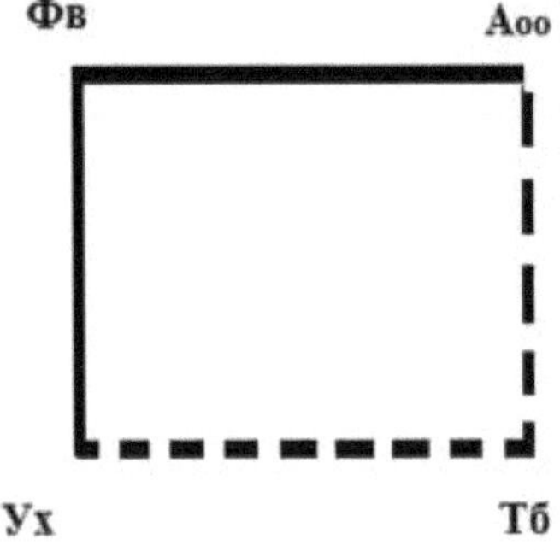

Figura 7. Esquema da conetividade do ecossistema do mar Negro (Uh - rendimento do biqueirão do mar Negro (Shlyakhov et al., 1990)

A biomassa média do zooplâncton não registou alterações significativas (critérios t e F - não significativos). Assim, o estado do ecossistema nesta parte do mar pode ser considerado favorável, tendo em conta o aumento do rendimento do biqueirão do mar Negro, que detém a maior parte das capturas de todas as espécies de peixes.

Na zona da plataforma noroeste, as alterações foram significativas para o fitoplâncton, segundo ambos os critérios, e para o zooplâncton, segundo a biomassa média. Os valores da biomassa do fitoplâncton mais do que duplicaram e os valores da biomassa do zooplâncton diminuíram na mesma proporção. Supomos que, na região mais eutrófica do mar, esta situação se tenha desenvolvido em resultado de um aumento da proporção de espécies de microalgas que não se alimentam de zooplâncton durante o surto do seu desenvolvimento.

Tabela 18. **Coeficientes de correlação (R) e níveis de significância das relações de alguns elementos do ecossistema do Mar Negro! apresentados a seguir** (ver texto para notações)

Coeficiente de correlação	Fila			
	Fv-Ao	Fv-Uh	A¯ooh T_6	Uhh-Tb.
R	0,416 < 0,05	0,486 0,04	-0,370 < 0,05	-0,488 0,03

Uma análise adicional da dinâmica das diatomáceas e das algas peridínias e dos seus rácios de biomassa mostrou que, no Mar Negro oriental, para além de um aumento geral de ambos os taxa, houve um aumento da proporção de diatomáceas durante o período analisado, resultando num aumento de três vezes no rácio Dv/Rv. As alterações foram significativas para ambos os critérios. Os valores elevados do critério de Fisher devem ser considerados como condicionais (distribuição estatística que excede os limites normais), mas continua a ser evidente um aumento significativo da média e da variância. É de salientar que a biomassa das algas diatomáceas aumentou quase 7 vezes, enquanto a das algas peridínias aumentou apenas 2 vezes.

Na zona da plataforma noroeste, este rácio mudou de forma insignificante, tendo mesmo diminuído, uma vez que aqui a biomassa de diatomáceas e peridínios aumentou quase igualmente. A alteração da biomassa total dos taxa alterou-se significativamente segundo ambos os critérios, mas separadamente por taxa - apenas segundo o critério de Fisher. Pode afirmar-se que o ecossistema da plataforma noroeste se tornou mais produtivo, mas menos estável, em comparação com a parte oriental do mar Negro.

Assim, o ecossistema do Mar Negro, na sua parte abiótica, sofreu alterações acentuadas no período 1973-2006. - A variabilidade interanual da temperatura da água aumentou e o seu valor diminuiu no mar aberto sob a influência da alteração do sistema de circulação atmosférica, em especial a redução da recorrência da forma ciclónica. As alterações na parte biótica traduziram-se num aumento acentuado da biomassa de fitoplâncton (Vinogradova et al., 1986). Em consequência, a qualidade do ecossistema da região deteriorou-se na plataforma noroeste, uma vez que o surto anómalo de fitoplâncton levou a uma diminuição da biomassa do segundo nível trófico. O rendimento dos peixes de ciclo curto, nomeadamente do biqueirão, aumentou. O seu decréscimo temporário em 1989-1991 deveu-se a razões bióticas - devido ao surto de mnemiopsis de crista (Ras, 1992).

Ao comparar as séries, em primeiro lugar, dos indicadores de temperatura da água no porto de Odessa, que foram mantidos desde 1915, pode presumir-se que ocorreram alterações perceptíveis no ecossistema do Mar Negro quando o aquecimento do clima da Terra foi sobreposto ao período do segmento ascendente da curva na autocomposição das alterações climáticas com um período de 70 anos.

8.4. Ecossistema do Mar de Azov

A produtividade do mar de Azov pode ser convencionalmente representada pelo total anual de capturas (colheita), tal como definido por V.F. Roys (1975). Esta biomassa total é indicada nas estatísticas da FAO e inclui 43 espécies de peixes, todos os moluscos e crustáceos. Entre 1970 e 2002, variou de 7 a 190 mil toneladas (Fig. 8, *a*). Em 1970-1987 a captura anual de bioprodutos foi de 127 mil toneladas, de 1988 a 2002 apenas 22 mil toneladas. Assim, a produtividade do mar de Azov, a mais elevada do oceano mundial (Moiseev, 1977), diminuiu 6 vezes. A quota-parte de duas espécies de peixes pelágicos - tulka (*Clupeonella cultiventris*) e Azov hamsa (*Engraulis encrasicolus*) - era de 80-90% antes de 1988 e, após o declínio catastrófico (Fig. 8, *c, d*), nalguns anos diminuiu para 32% (Bryantsev, 20086; Volovik et al., 1996).

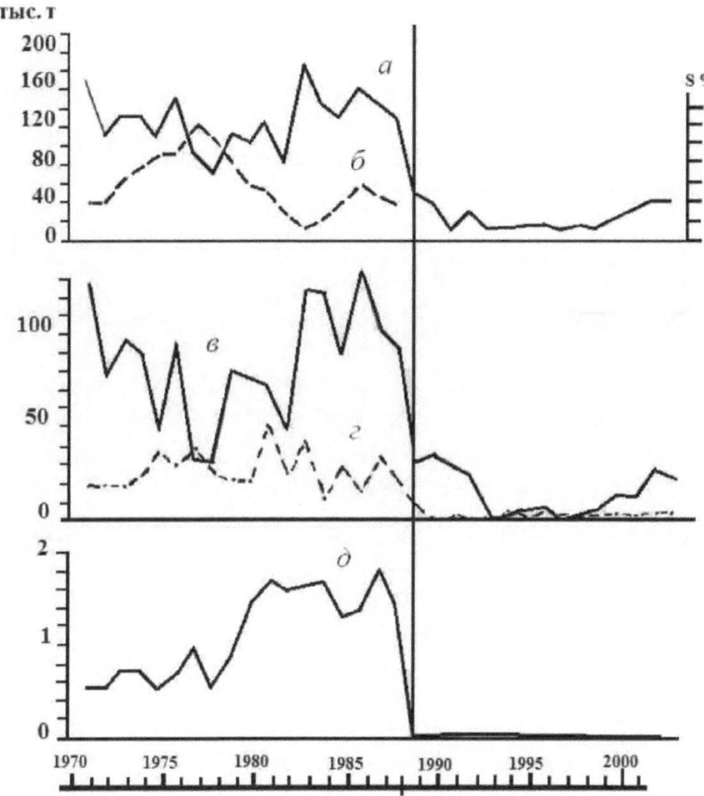

Figura 8. Dinâmica da remoção de biomassa do mar de Azov (*a*); capturas anuais de tulka (*c*), hamsa de Azov (*d*) e peixes chatos (*e*). Alterações da salinidade média (*b)*

Esta circunstância divide o período em estudo em duas partes: antes de 1988, quando podemos considerar o estado do ecossistema do Azov dependente de factores naturais e do escoamento antropogénico do rio, como é habitual, e depois, quando as invasões estivais regulares do Mar Negro de um invasor - o peixe de crista Mnemiopsis, com a sua ingestão da base alimentar dos peixes acima referidos, causaram uma diminuição do seu stock em mais de 100 vezes.

A partir de 1988, as capturas totais de hamsa e tulka não ultrapassaram o valor mínimo do período anterior. E como esta situação foi observada durante os 18 anos seguintes, a estrutura trófica do ecossistema do Azov alterou-se fundamentalmente. A diminuição das unidades populacionais não só das espécies de peixes acima referidas, mas também de peixes chatos (Fig. 8, *e*), indica que houve uma diminuição geral do rendimento do mar.

Assim, podem ser efectuadas análises dos impactos naturais no ecossistema do mar de Azov e previsões a longo prazo até 1988.

A nossa metodologia de procura de relações entre os indicadores bióticos e os factores externos a eles baseia-se na comparação da correlação das séries destas caraterísticas à nossa disposição. Os resultados da análise são apresentados no Quadro 19 e na Fig. 9.

Após 1980, a série de salinidade foi completada com os dados das observações do YugNIRO. [3]Os valores do escoamento total de água doce na bacia do Mar Negro-Azov (Q, km) foram retirados da literatura (Nikolenko e Reshetnikov, 1991). $_{00}$O nosso cálculo do valor de A , um indicador das particularidades dos transportes atmosféricos, é o coeficiente de decomposição do campo bárico padrão numa série de polinómios de Chebyshev (pressão atmosférica média sobre a área de água da bacia em milibares menos 1000 mb) (Bryantsev, 1990).

Quadro 19. **Relações entre factores de impactos externos e parâmetros do ecossistema do mar de Azov**

Fila	Função	Argumento	Coeficiente de correlação	Nível de significância	Equação de regressão
1	A00	δW	0,364	< 0,05	$_{00}$A = 0,01 δ W+15,8
2	Q	W	0,467	0,01	Q = 0,75 W+138
3		A00	-0,387	0,05	Q = 765-36,4 A_{00}
4	Qa	δW	0,552	<0,05	Qa = 26,1+δW'
5	S	δW	-0,491	<0,01	S = 12,5-0,014 δW
6		δW'	-0,415	<0,01	S = 12,26-0,024 δW'
7		St	-0,575	<0,05	S = 13,6-0,04 St
8	P	S	-0,524	0,02	P = 208,6-10,836 S
9	Z	S	-0,574	0,02	Z = 66,86-4,8S
10	GP	S	-0,540	0,02	CP = 98,46-5,875 S
11	Wx	W'	0,499	<0,05	$_{x}$Y = 17+0,21 W'
12	W	S	-0,609	<0,01	$_{T}$Y = 392-24,56 S
13	Semana	S	-0,700	<0,01	$_{x}$Y = 6,2-0,4 S
14	B	S	-0,539	<0,05	B = 400,7-21,9 S

Os principais factores independentes (argumentos) são: o índice de atividade solar (número de Wolf - W) e o módulo do seu desvio em relação à média (W'), bem como as alterações na velocidade de rotação da Terra (δ) em unidades relativas obtidas ao longo de um período de 70 anos com um máximo em 2005-2010 (Borovskaya et al., 2005).

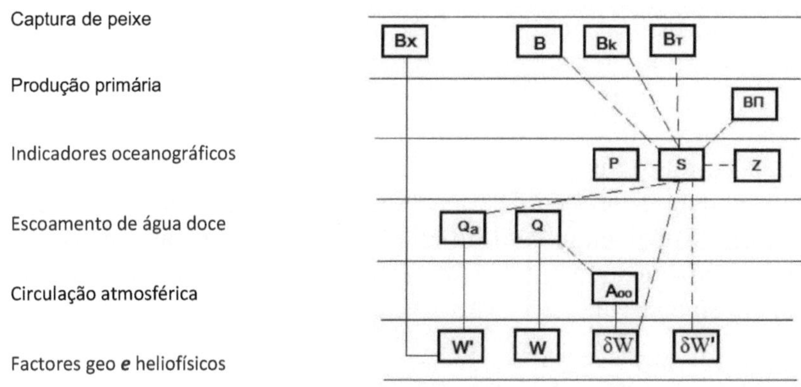

Fig. 9. Funcionamento do ecossistema do mar de Azov. Esquema das relações em dependência sequencial dos factores geo e heliofísicos ao nível da biomassa total e das capturas de hamsa, tulka e solha (1970-1987) (ver texto para a designação das células do esquema).

Neste esquema de ligações, os factores geofísicos e heliofísicos mencionados e os indicadores complexos formados por eles (δW e δW') são os iniciais no esquema construído mais adiante nesta sequência: do indicador das peculiaridades da circulação atmosférica aos valores do teor de água dos anos que dependem diretamente dele, às caraterísticas oceanográficas do mar de Azov, ao nível da produção primária, ao valor do rendimento anual, às reservas de hamsa, tulka e solha de Azov.

Linhas: remoção anual de organismos vivos (colheita - B), captura anual de Azov hamsa (Uh) e foca (Ut) em milhares de toneladas são retiradas das estatísticas da FAO; valores: produção primária bruta do Mar de Azov em milhões de toneladas de peso seco (β∏), concentrações totais de fósforo em mg/m (P). [33]toneladas são retirados das estatísticas da FAO; os valores de: produção primária bruta do Mar de Azov em milhões de toneladas de peso seco (β∏), concentração total de fósforo em mg/m (P), área de hipoxia estival em mil km2 (Z), fluxo de água doce em km (St) e salinidade média (S‰) são dados na literatura (Bronfman, Khlebnikov 1985).

Apesar da omissão de ligações intermédias nas ligações identificadas, devido à ausência de ligações de séries contínuas de observações das caraterísticas correspondentes, o esquema ecológico parece regular e não contraditório.

O principal indicador do estado do ecossistema do mar de Azov é a salinidade, que reflecte os níveis de escoamento de água doce num determinado ano e em anos anteriores, dos quais dependem a estrutura halina e a densidade das águas, a sua base biogénica e a produção primária do mar. O último elo do sistema ecológico, o stock dos principais peixes comerciais e peixes chatos, bem como a colheita total, estão correlacionados com o fator inicial (hamsa) ou com o elo intermédio do ecossistema (salinidade), os outros indicadores. Torna-se claro que a diminuição da biomassa total colhida no Mar de Azov em 1976 (a julgar pelo aumento da salinidade, Fig. 6) coincidiu com o período de anos de águas baixas com escoamento intensivo do Don e do Kuban, o que causou uma diminuição da produtividade do mar em todos os níveis tróficos (Bryantsev, 2008a).

Assim, se o estado do ecossistema do Azov estabilizar, será possível efetuar previsões a longo prazo utilizando as caraterísticas iniciais e intermédias (hidrometeorológicas) especificadas. Nesse caso, as equações de regressão do quadro 19 podem ser utilizadas como equações de prognóstico.

8.5. Previsão da formação de acumulações comerciais de hamsa invernante na zona da Crimeia Oriental

Em alguns anos, formam-se nas águas da costa oriental da Crimeia, no outono, acumulações suficientemente estáveis de hamsa invernante para garantir o êxito da sua pesca (Grishin et al., 2013). Foi também encontrada uma correlação significativa entre os casos de "paragem" do hamsa na zona especificada em invernos relativamente quentes (Bryantsev, 20096). Esta última caraterística é reflectida pela anomalia das temperaturas médias mensais da camada de água superficial no porto de Odessa. Em particular, uma série que reflecte as condições meteorológicas na bacia Azov-Mar Negro em dezembro (Grishin et al., 2013). Consideramos que este indicador é representativo, uma vez que está correlacionado com os dados de uma série semelhante no porto de Batumi (coeficiente de correlação 0,630 a um nível de significância inferior a 0,01), reflectindo o fundo térmico do mar (ver secção 8.1).

Tentou-se determinar as possibilidades de previsão plurianual da formação das referidas acumulações de hamsa ao largo da costa da Crimeia Oriental, ou seja, a realização de casos de invernos quentes. O mesmo indicador do fundo térmico de dezembro, sob a forma da anomalia da temperatura da água da série de Odessa, pode ser utilizado como indicador de previsão, tal como no trabalho de A.N. Grishin et al. (2013), só que para um período mais longo - de 1928 a 1992 (Ta).

¡Foram utilizadas caraterísticas geo e heliofísicas como factores de previsão: alterações na taxa de rotação da Terra (δ), o nível de atividade solar (números de Wolf - W), a anomalia do número de Wolf (W'= W - W médio) e os produtos destes valores (δW e δW'). Como mostrado acima, a primeira caraterística tem um ciclo de 70 anos com um máximo em meados dos anos 30.

Quando a sua ciclicidade é tida em conta, é possível extrapolar caraterísticas geo e heliofísicas que, na presença de ligações com indicações do estado dos ecossistemas marinhos das zonas de pesca ou diretamente com as capturas, podem tornar-se a base da metodologia de previsões plurianuais da pesca nesta região.

Por outro lado, a sua ligação com certos indicadores da circulação atmosférica e da temperatura da água permitirá revelar o mecanismo das alterações do ecossistema e do comportamento do khamsa com elas relacionado.

No nosso caso, a relação das anomalias da temperatura da água no porto de Odessa com o fator δW' é reflectida pelo coeficiente de correlação igual a menos 0,261 ao nível de significância de 0,05. Equação de regressão

$$Ta = 0{,}8 - 0{,}024\delta W' \qquad (10)$$

pode ser utilizado para prever o nível de fundo térmico em dezembro (Ta) com a estimativa da probabilidade de invernada da pesca de khamsa ao largo da costa oriental da Crimeia para os anos seguintes, ao extrapolar o índice δW'.

O mecanismo físico de formação de condições para um dezembro "quente" é determinado da seguinte forma. 0001Ao comparar a série de índices δW' de 1960 a 2008 com os valores dos coeficientes de decomposição do campo bárico sobre a zona do Mar Negro, obtiveram-se coeficientes de correlação (não superiores a 0,05) com A para janeiro (0,371) e A para o ano (0,387). Esta relação indica o predomínio da circulação anticiclónica com um aumento da frequência dos ventos de norte na metade oriental da zona do Mar Negro. Consequentemente, sob circulação ciclónica, prevalecerão aqui ventos de sul e invernos quentes.

De acordo com a equação de prognóstico obtida, as condições mais favoráveis para a invernada do hamsa ao largo da costa oriental da Crimeia são criadas ao nível do índice térmico (Ta) em dezembro 0,8 (valores nulos do índice δW'). Uma parte do hamsa permaneceu para invernar nesta área em 2011 e 2012, quando o fator Ta, de acordo com os nossos dados, passou para um valor positivo e teve um valor de 0,7 em 2010. Por conseguinte, a previsão provisória pode ser apresentada de forma dicotómica: um valor positivo do índice térmico indica a probabilidade de uma parte dos hamsa invernantes deixar de migrar para a parte sudeste do mar Negro, na zona da costa oriental da Crimeia, ao passo que um valor negativo indica a ausência de tal migração.

8.6. As flutuações das capturas de **espadilha do Mar Negro** (Ush) (Zuev et al., 2003; Eremeyev e Zuev, 2005) têm sinais visíveis de coincidência com os nossos valores do fator complexo δW (Quadro 20), obtido através da multiplicação dos índices de atividade solar (número Wolf) e das alterações da taxa de rotação da Terra (δ).

Estes dois factores geofísicos e heliofísicos foram considerados significativos nos nossos estudos para identificar as relações com as taxas de captura e os índices que reflectem os padrões de circulação atmosférica em muitos bancos de pesca e no mar Negro. Por sua vez, os transportes de vento predominantes estão associados a sistemas conhecidos de correntes de água superficiais nas áreas e aos fenómenos resultantes da advecção de certas massas de água com a formação de zonas frontais, ressurgência em zonas costeiras e redemoinhos topogénicos. Através deste sistema integrado, foram determinados os pré-requisitos hidrometeorológicos para a produtividade biótica e comercial.

Quadro 20. **Capturas de espadilha do mar Negro (milhares de toneladas) e fator δW**

Anos	2000	2001	2002	2003	2004	2005	2006	2007	2008	2009	2010	2011
Ush	10,2	19,5	21,4	13,4	12,3	17,8	14,6	11,4	15,3	18,7	20,2	20,8
δW	96	92	89	57	36	38	15	8	3	83	105	108

Assume-se que os factores iniciais escolhidos condicionam os pressupostos acima referidos. Se as flutuações da taxa de rotação da Terra (δ) podem ser explicadas por mudanças climáticas conhecidas na atmosfera e na circulação da água, então os valores anuais da atividade solar (W) são utilizados em hidrometeorologia e noutros estudos, em particular por A.L. Chizhevsky (1973), formalmente, de acordo com o princípio da "caixa negra". Ao determinar as correlações destes índices com as capturas, ou com outros indicadores do estado dos ecossistemas nas zonas de pesca, podemos aplicar estas caraterísticas geo e heliofísicas para prever o sucesso da pesca durante um ano ou mais, uma vez que a sua ciclicidade conhecida (70 e 11 anos, respetivamente) determina as possibilidades de extrapolação.

A correlação realizada das capturas com os nossos índices mostrou os seguintes resultados: o coeficiente de correlação com o valor da atividade solar é igual a 0,490, e com a "correção" para as alterações climáticas gerais (δ) aumenta para 0,532, cujo nível de significância não atinge o nível crítico (0,576, aceite 0,05) pelo valor de 0,04. Contudo, para as previsões plurianuais, pode ser utilizado um indicador mais "grosseiro", por exemplo, quando se estimam as capturas em três gradações: baixa (H), média (C) para o período analisado e alta (H). Esta divisão pode ser efectuada utilizando a metodologia indicada na literatura (Brooks e Caruthers 1977) e no quadro 21.

Quadro 21. **Descargas das capturas anuais de espadilha do mar Negro pela frota ucraniana (Ush, milhares de toneladas) e indicador do fator δW**

Fila	Gradações		
	H	C	B
Ush	< 15,5	15,5-19,6	> 19,6
δW	< 38	38-91	> 91

Quando distribuímos os valores das capturas por gradações do fator δW, obtemos uma matriz de correspondências dos seus níveis sob a forma de probabilidades relativas (Tabela 22).

Tabela 22. **Matriz de correspondências entre níveis de indicadores e Ush e δW**

Fila	δW		
Ush	H	C	B
H	0,80	0,33	0,25
C	0,20	0,33	0,25
B	0	0,33	0,50

A matriz mostra que, a valores baixos do fator externo δW, a probabilidade de capturas baixas atinge 80% e, a valores altos, a probabilidade de capturas médias e altas totaliza 75%. A valores médios do fator, a probabilidade de todos os níveis de captura é a mesma.

As condições hidrometeorológicas prévias às flutuações do rendimento da espadilha, que determinam significativamente o seu stock em idade comercial e a formação de agregados durante as migrações alimentares, são as seguintes O fator complexo δW por nós utilizado está significativamente correlacionado com os índices de transporte atmosférico. $_{02}$ Este facto é demonstrado pelo coeficiente de decomposição do campo bárico sobre a área de água da bacia do mar Azov-Mar Negro - A (coeficiente de correlação 0,358, nível de significância inferior a 0,05). Em termos físicos, isto significa (com o feedback indicado) um enfraquecimento da recorrência do transporte de vento este-oeste na metade norte do Mar Negro. Neste caso, a intensidade do transporte de água fluvial a partir da plataforma noroeste do mar Negro diminui, o que aumenta a produção primária e a base de alimentação da espadilha, bem como o efeito de acumulação nas zonas frontais.

Assim, após a extrapolação dos componentes dos valores do fator de prognóstico (δW), podemos identificar uma tendência na mudança do sucesso da pesca das espécies de peixes mencionadas. Depois de atingir o máximo na primeira década do século XX o valor do índice, o seu subsequente decréscimo após 2011 provocará, em geral, uma tendência negativa no sucesso da pesca da espadilha do Mar Negro, pelo menos de 2014 até ao início da década de 20.

8.7. Previsão de eventos nublados na plataforma noroeste do Mar Negro

A intensidade e a duração dos fenómenos de galgamento na plataforma noroeste do mar Negro durante o período de verão-outono, que aumentaram desde meados da década de 1970, chamaram a atenção para este problema ambiental (Zaitsev et al., 1985; Belyaev e Kondofurova, 1990; Bryantsev et al., 1991). Alguns cientistas atribuíram o aumento da hipoxia nos horizontes inferiores à influência de processos químicos e, consequentemente, à eutrofização antropogénica, enquanto outros a atribuíram à transformação do campo de salinidade, da densidade e do sistema de circulação da água durante o desmame e a redistribuição sazonal do fluxo do rio Dnieper, considerando a presença de substâncias orgânicas oxidadas como uma condição necessária que só pode ser concretizada em hipoxia e geada na presença de uma camada de bloqueio com um elevado gradiente de densidade vertical e um cisalhamento reduzido da corrente.

Até à data, não existe uma definição precisa do mecanismo da deficiência de oxigénio nesta região. Ao mesmo tempo, é necessária uma previsão a longo prazo (um ano ou mais) do fenómeno, pelo menos nas estimativas mais grosseiras, uma vez que já provocou a morte de 70% das unidades populacionais de mexilhões e uma redução de 20 vezes da biomassa de phyllophora.

Por conseguinte, partimos do princípio de que a causa das alterações de stress no ecossistema da zona noroeste das águas da plataforma é uma sobreposição de factores antropogénicos e naturais que conduzem a alterações na hidroestrutura e à eutrofização da água com a subsequente desestabilização e alterações qualitativas na sua parte biótica. No primeiro caso, referimo-nos ao consumo irrecuperável de água, expresso pela diferença entre o escoamento natural e o escoamento efetivo (Nikolenko, Reshetnikov, 1991). [3]Em 1983, esta diferença atingiu 39 km. Essa retirada de água do rio, geralmente insignificante em comparação com as flutuações interanuais do caudal, é acompanhada pela sua redistribuição sazonal, ou seja, a sua retenção em reservatórios durante o período de cheias naturais e a subsequente descarga com propriedades físicas (temperatura) e químicas (em consequência dos processos de produção) alteradas.

Os factores naturais incluem a predominância de ventos do sul e sudoeste no período de verão, que distorcem a circulação ciclónica caraterística na plataforma noroeste e desenvolvem a circulação anticiclónica, causando o influxo de água dos principais rios da região para os limites da área de água especificada (Andrusovich et al., 1994; Moskalenko et al., 1994). A situação climática média habitual (Bryantsev, 1987) é expressa pela predominância dos transportes atmosféricos (AT) do grupo nordeste durante este período, o desenvolvimento de um vórtice ciclónico que determina o aumento do cisalhamento da corrente e o transporte das águas dos rios para sul numa faixa relativamente estreita ao longo da costa ocidental.

O afluxo de águas eutróficas aos limites da plataforma provoca um aumento de matéria orgânica e uma diminuição da transparência. Ao mesmo tempo, a estratificação aumenta e a deslocação da corrente diminui, uma vez que não ocorre a habitual mudança estival do sistema de circulação da água. Assim, as condições prévias presumidas da sobre-lavagem coincidem nas duas versões. Por conseguinte, podemos considerar relações empíricas indirectas das zonas de congelação com factores externos e tentar encontrar relações assíncronas para uma previsão provisória.

A possibilidade de analisar a variabilidade interanual do estado das biocenoses de fundo e da lavra superficial na plataforma noroeste surgiu pela primeira vez depois de Y.P. Zaitsev ter publicado os valores das áreas sujeitas a estes processos em 1973-1990 (Zaitsev, 1992). Uma vez que este é o valor da série principal 73 prsdictante neste estudo, consideramos necessário duplicá-lo (Quadro 23).

Tabela 23. [2]**Zonas do noroeste do mar Negro (milhares de km) afectadas por hipoxia e animais de fundo em 1973-1990 (Zaitsev, 1992).**

Ano	S	Ano	S	Ano	S	Ano	S	Ano	S
1973	3,5	1977	11	1981	17	1985	5	1989	20
1974	12	1978	30	1982	12	1986	8	1991	40
1975	10	1979	15	1983	35	1987	9		
1976	3	1980	30	1984	10	1988	12		

[3]Os valores médios anuais da atividade solar (W - números de Wolf, W" - os mesmos valores com um desvio de 1 ano) e os valores do escoamento real de água doce (Q, cu) (Nikolenko, Reshetnikov, 1991), bem como uma série de índices de circulação atmosférica, foram utilizados como índice das condições prévias externas para o desenvolvimento anómalo da hipoxia. Estes últimos foram calculados por nós utilizando a seguinte metodologia.

Os valores diários da pressão atmosférica de 1960 a 1993 foram retirados dos mapas báricos de superfície nos nós de uma grelha padrão que cobre completamente a zona do Mar Negro: de 40° a 46°N até 2 graus e de 28° a 40°E até 4 graus. Decompondo estes campos báricos numa série utilizando polinómios de Chebyshev, dividindo os valores dos coeficientes obtidos que reflectem a intensidade dos transportes zonais e meridionais em três intervalos igualmente prováveis (H - baixo, C - médio e H - alto) e tendo em conta as combinações destes últimos, foram obtidas estimativas dos tipos de AP (homónimos com 8 rumbas, tipo 9 - campo de baixa degradação) para cada série de 34 anos investigada (Quadro 24) (Bryantsev, 1996).

Tabela 24. **Transporte atmosférico sobre a zona do Mar Negro**

Números atribuídos	Transferência (rhumbas)	Combinação de gamas de coeficientes de transporte zonal e meridional
1	CB	HH
2	B	NS
3	SE	NÃO
4	C	SI
5	-	SS
6	Ю	CB
7	NW	Vn
8	3	VS
9	Hughes	BB

Denotando cada dia do período analisado pelo símbolo do tipo de PA ou por este número da Tabela 24, podemos calcular a recorrência dos tipos em dias para cada mês e ano, bem como os valores médios anuais e as anomalias:

$$a_{ij} = P_{ij} - N_{ij}, \qquad (11)$$

$_{llj}$onde P j - recorrência em dias do tipo j (j = 1, 2, 3 ... 9), no l-ésimo mês, N - norma mensal.

O índice de predominância do grupo de AP do nordeste (NE, B, SE, C rhumbas) sobre o grupo do sudoeste (SW, NW, 3, SW) em meses específicos é obtido a partir da diferença das somas das anomalias correspondentes:

$$B_i = \sum_{j=1}^{j=4} a_{ij} - \sum_{j=6}^{j=9} a_{ij}, \qquad (12)$$

e a anomalia total pode ser calculada como a soma das anomalias de todos os tipos, independentemente do sinal:

$$A_i = \sum_{j=1}^{j=9} a_{ij} \qquad (13)$$

$_k$e para 1 ano (A) também em número de dias:

$$A_k = \sum_{i=1}^{i=XII} A_i \qquad (14)$$

O fator antropogénico é representado por uma série de valores de consumo de água irrecuperável (q) calculados para o período 1960-1986 como a diferença entre o volume de escoamento natural e o escoamento real de água doce.

A correlação e a correlação múltipla foram utilizadas para identificar as relações entre as séries enumeradas. As correlações com um nível de significância de $p < 0,05$ foram aceites e incluídas no quadro de resumo. Os valores das séries comparadas foram determinados pelo número de anos de observações, com exceção da série da atividade solar e da frequência de ocorrência de transportes meridionais em julho e do índice de prevalência de transportes nordestinos no mesmo mês, uma vez que estas relações foram significativas no período 1981-1993.

Os resultados da análise são apresentados visualmente sob a forma de um esquema geral de relações das caraterísticas listadas (Fig. 10) e as suas estimativas quantitativas (Quadro 25). Os coeficientes de correlação aí apresentados, embora selecionados de acordo com o critério especificado de nível de significância, são baixos na maioria dos casos, pelo que houve um problema na utilização das relações obtidas para previsão.

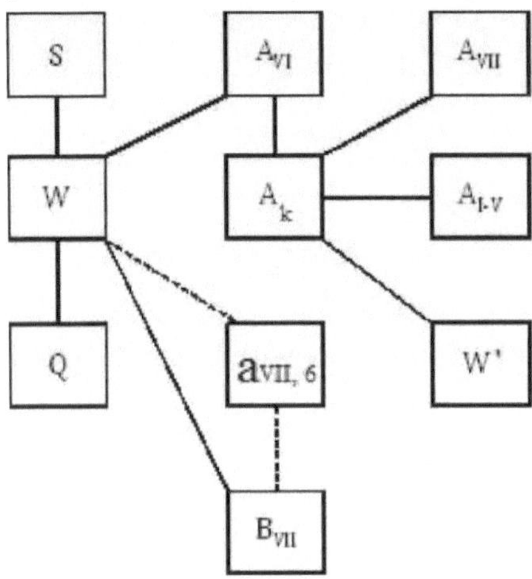

Figura 10. Esquema das relações entre o nível de desenvolvimento da hipoxia na plataforma noroeste do mar Negro e os parâmetros de influências externas.

A linha tracejada indica as reacções

Além disso, as relações dos índices de circulação atmosférica entre si têm um carácter formal, uma vez que o valor da anomalia total anual (Ak) inclui os valores das anomalias mensais (Ai), e o critério da dominância dos transportes de nordeste em julho - o valor da anomalia da AA meridional no mesmo mês. No entanto, adoptámos as condições de avaliação das relações ao nível da presença dos seus sinais e das previsões - ao nível da determinação da tendência ou dos anos-análogos.

Quadro 25. **Indicadores quantitativos do sistema de ligações entre o nível de desenvolvimento da hipoxia na plataforma noroeste do mar Negro e os parâmetros de influências externas**

Fila	Ligações	Coeficiente, correlato,	Nível de significância	Número de membros em linhas	Ano de comparação das séries
1	W-S	0,624	0,006	18	1973-1990*

2	W-Q	0,476	0,01	27	1960-1986
3	YII.W-Q 6	-0,580	0,04	13	1981-1993
4	W-YII	0,813	0,001	13	" --
5	W-Ak	0,391	0,02	34	1960-1993
6	W-A_{YI}	0,394	0,02	34	И
7	W-A_{I}	0,400	0,02	34	H
8	Ak-A_{YI}	0,380	0,03	34	" --
9	Ak-A_{YII}	0,390	0,02	34	" --
10	Ak-A_{I}	0,537	0,001	34	H
11	Ak-A_{II}	0,380	0,03	34	" --
12	Ak-A_{III}	0,524	0,002	34	" --
13	Ak-A_{IY}	0,545	0,001	34	H
14	Ak-A_{Y}	0,437	0,01	34	" --
15	Ak-W	0,331	0,05	34	" --
16	W'-A,	0,455	0,007	34	" --
17	YII 6YII	-0,558	0,006	34	II

* Dentro do período de relações significativas.

O sistema obtido, com todas as suas ligações fracas e formais, forma uma rede consistente e fisicamente condicionada, que nos permite determinar os elos intermédios da relação entre a magnitude das áreas de congelação e a atividade solar.

Como repetidamente observado na literatura, com o aumento da atividade solar, o teor de água dos anos aumenta e são observados eventos de congelação mais frequentes. A Fig. 10 mostra que a atividade solar está relacionada com os índices de circulação atmosférica de todas as espécies:

— com o nível da anomalia total anual e especialmente com o nível de junho, ou seja, com o período de início da formação de condições para o desenvolvimento da hipoxia estival;

— com predominância das AP do nordeste sobre as do sudoeste;

— com o transporte meridional anómalo em julho (feedback), que é uma condição prévia para a circulação anticiclónica desfavorável da água na zona aquática da plataforma noroeste, determinando o aumento do transporte de água fluvial até aos seus limites.

Para além da relação da área de congelamento com a atividade solar e as peculiaridades do regime hidrometeorológico por ela criado, foram revelados sinais dessa relação com o consumo irrecuperável de água (Rsq = 0,380), mas a limitação habitual do nível de significância (aqui apenas 0,18) não permite incluir esta relação no esquema geral.

Tendo em conta os resultados obtidos, pode concluir-se que o predomínio do grupo sudoeste de transportes atmosféricos, em particular os transportes meridionais, sobre a zona do Mar Negro durante o período estival resulta num aumento da probabilidade de crises ecológicas sob a forma de grandes mortandades na plataforma noroeste (Bryantsev e Kochergin, 2008). No âmbito destes padrões de circulação atmosférica, as águas dos rios desta região são transportadas para esta zona aquática e criam condições específicas de trofia, transparência da água, bem como estratificação da densidade e correntes de deslocação. O aumento, em comparação com a média plurianual, da recorrência destes transportes é observado em valores elevados de atividade solar.

Uma vez que os números de Wolf podem ser extrapolados devido a um ciclo bem definido de 11 anos, obtém-se a possibilidade de prever provisoriamente a intensidade dos fenómenos de céu encoberto com um ano ou mais de antecedência. A área de hipoxia pode ser calculada utilizando a fórmula:

$$S = 6,5 + 0,12\ W. \qquad (15)'$$

A garantia da equação preditiva aumenta quando o indicador de utilização irrecuperável da água é incluído (coeficiente de correlação múltipla 0,301):

$$S = 0,1\ W + 0,5\ q - 5,2. \qquad (16).$$

No entanto, esta caraterização pode ser determinada de forma muito aproximada, por exemplo, pelo nível médio dos últimos anos.

CONCLUSÃO

Com base nos exemplos de algumas zonas de pesca do Oceano Mundial, mostrámos a dependência das alterações cíclicas do sucesso da pesca em relação a factores externos: a atividade solar e as flutuações climáticas globais. Estas últimas estão também correlacionadas com outros indicadores do estado destes ecossistemas: caraterísticas das comunidades fitoplanctónicas, stocks e concentração de krill antártico e ocorrência de hipoxia.

Acreditamos que esta abordagem pode ser utilizada para procurar ligações entre a atividade solar e outros processos hidrometeorológicos e biológicos na Terra para obter a possibilidade da sua previsão plurianual, como demonstrado nos trabalhos de A.L. Chizhevsky, I.V. Maximov, J.R. Herman, e outros.

LITERATURA

Aksyutina Z.M. Elements of mathematical evaluation of observation results in biological and fishery research. - M.: Pishch. Promst, 1968. - 288 c.

Andrusovich A.I., Mikhailova E.N., Shapiro N.V. Modelo numérico da circulação da água na parte noroeste do Mar Negro // Marine Hydrophys. zhurn. - 1994. - № 5. - C. 28-42.

Belyaev V.I., Kondofurova N.V. Mathematical modelling of ecological systems of the shelf. - Kiev: Nauk. dumka, 1990. - 240 c.

Borovskaya R.V., Panov B.H., Spiridonova E.O., Lexikova L.A. Relação entre a hipoxia bentónica e a fome dos peixes na parte costeira do mar de Azov // Sistemas de controlo ambiental. - Sevastopol: MGI NASU, 2005. - C. 320-328.

Bronfman A.M., Khlebnikov E.P. Mar de Azov. - L.: Gidrometeoizdat, 1985. - 272 c.

Brooks K., Caruthers N. Application of statistical methods in meteorology (Aplicação de métodos estatísticos em meteorologia). - L.: Gidrometeoizdat, 1977. - 352 c.

Bryantsev V.A. Sobre a possibilidade de previsão sazonal do fundo térmico do Mar Negro // Express-information of TsNIITEIRKh. - M., 1977. - Issue. 8. - C. 1-5.

Bryantsev V.A. Recomendações metodológicas sobre a previsão hidrometeorológica para os principais objectos de pesca no Mar Negro. - Kerch, 1987. - 42 c.

Bryantsev V.A. Atmospheric circulation as a basis for long-term fishery forecasts (on the example of the Black Sea)) // Plenary reports of the 8th All-Union Conf. on Fishery Oceanology. - M., 1990. - C. 173-180.

Bryantsev V.A. Informação sob a forma de anomalias totais da circulação atmosférica e o seu impacto no ecossistema do Mar Negro // Dop. NASU. - 1996. - № 9. - C. 163-168.

Bryantsev V.A. Condições prévias externas de alterações perenes no ecossistema do Mar Negro // Rib. gosp. ukrashi. - 2001. - **17**, № 6. - C. 22-23.

Bryantsev V.A. Sinais de mudanças no estado do ecossistema da plataforma noroeste do Mar Negro em conexão com o aquecimento do clima da Terra // Rib. gosp. ukrashi. - 2004. - **34**, № 5. - C. 49-51.

Bryantsev V.A. Global processes determining the state of the Azov-Black Sea basin ecosystem // Mat. of IV Intern. IV International Conf. (Kerch, 8-9 de outubro de 2008). - Kerch: YugNIRO, 2008a. - C. 3-7.

Bryantsev, V.A. Stress transformation of the Azov Sea ecosystem and possibilities to restore its fish productivity (in Russian) // Rib. gosp. ukrashi. - 2008б. - **57**, № 4. - C. 3-7.

Bryantsev V.A. Factores que determinam o sucesso da pesca da cavala na parte sudeste do Oceano Pacífico // Proc. de YugNIRO. YugNIRO. - 2009a. - **47**. - C. 206-212.

Bryantsev V .A. Condições hidrometeorológicas de invernada da anchova do Mar Negro ao largo da costa da Crimeia // Rib. gosp. ukrashi. - 2009б. - **7**. - C. 8-9.

Bryantsev V.A. Mudanças climáticas no ecossistema da bacia do Mar Negro de Azov // Problemas modernos de ecologia da região do Mar Negro de Azov: Mat. conf. internacional - Kerch: YugNIRO, 2010. - C. 3-7.

Bryantsev V.A. Modelo estatístico de produtividade comercial com base no exemplo da espadilha do Mar Negro // Mat. of VII Intern. VII Conf. Internacional (Kerch, 2012). - Kerch: YugNIRO, 2012. - C. 26-28.

Bryantsev V.A., Bryantseva Y.V. Sinais do impacto do aquecimento global no ecossistema do Mar Negro // Segurança ecológica das zonas costeiras e da plataforma e utilização integrada dos recursos da plataforma - Sevastopol, 2010. - Vyp. 22. - C. 191 - 197.

Bryantseva Yu.V., Bryantsev V.A., Kovalchuk L.A., Samyshev E.Z. Para a questão das alterações a longo prazo na biomassa de diatomáceas e algas peridínias do Mar Negro em ligação com o transporte atmosférico // Marine Ecology. - 1996. - Vol. 45. - C. 13-18.

Bryantsev V.A., Bryantseva Y.V. Multiyear changes in phytoplankton of the deep-water part of the Black Sea in connection with natural and anthropogenic factors // Marine Ecology. - 1999. - Vol. 49. - C. 24-28.

Bryantsev V.A., Kriskiewicz L.V. Estado do ecossistema do Mar Negro: avaliação empírica, possibilidades de previsão // Problemas modernos de ecologia da região de Azov-Mar Negro: Mat. III Intern. III Conf. Intern. (Kerch, 10-11 de outubro de 2007). - Kerch: YugNIRO, 2008. - C. 83-89.

Bryantsev V.A., Kochergin A.T. Estimativa da probabilidade de ocorrência de situações de pré-congelamento e congelamento no Mar de Azov // Problemas modernos de ecologia da região de Azov-Mar Negro: Mat. do III Intern. III Conf. Intern. (Kerch, 10-11 de outubro de 2007). - Kerch: YugNIRO, 2008. - C. 98-101.

Bryantsev V.A., Rebik S.T. Prerequisites of commercial productivity in the Patagonian shelf area // Proc. of YugNIRO. YugNIRO. - 2011. - **49**. - C. 199-202.

Bryantsev V.A., Trotsenko B.G. Prerequisites of commercial productivity in some areas of the Southern Ocean // Proc. of YugNIRO. YugNIRO. - 2010. - **48**. - C. 119-124.

Bryantsev V.A., Fashchuk D.Y., Finkelstein M.S. Signs of trend changes in the Black Sea hydrostructure // Variability of the Black Sea ecosystem / Edited by M.E. Vinogradov. Vinogradov. - M.: Nauka, 1991. - C. 89-93.

Budyko M.I. Alterações climáticas. - L.: Gidrometeoizdat, 1974. - 280 c.

Budyko M.I. Evolution of the Biosphere (Evolução da Biosfera). - L.: Gidrometeoizdat, 1984. - 488 c.

Van der Varden B.L. Mathematical Statistics. - M.: IL, 1960. - 434 c.

Vinogradova L.A., Mashtakova G.P., Derezyuk N.V. Successional changes in phytoplankton of the north-western part of the Black Sea. - M.: IOAN, 1986. - C. 170-176.

Volovik S.P., Makarov E.V., Semenov A.D. The Sea of Azov: Is it possible to get out of the ecological crisis // Main problems of fishery and protection of fishery water bodies of the Azov basin. - Rostov-on-Don: Polígrafo, 1996. - C. 115-125.

Herman J.R., Goldberg R.A. Sun, Weather and Climate. - L.: Gidrometeoizdat, 1981. - 320 c.

Grishin A. H., Serbin V. A. A., Kriskiewicz L. V. Pré-requisitos climáticos para a formação de agregações invernantes de hamsa (*Engraulss engrasicolus* (L.)) ao largo da costa oriental da Crimeia // Mat. de VIII *Intern.* VIII Intern. conf. - Kerch: YugNIRO, 2013. - C. 4-7.

Eremeyev V.H., Zuev G.V. Recursos haliêuticos do Mar Negro: dinâmica a longo prazo e perspectivas de gestão // Marine Ecol. zhurn. - 2005. - **4**, № 2. - C. 5-21.

Zaitsev Y.P. Estado ecológico da zona da plataforma do Mar Negro ao largo da costa da Ucrânia // Hydrobiol. zhurn. - 1992. - **28**, № 4. - C. 3-18.

Zaitsev Y.P., Bryantsev V.A., Fashchuk D.Ya. Ecosystems of the north-western Black Sea shelf under anthropogenic impact // Anthropogenic eutrophication of natural waters of the Black Sea. - Chernogolovka, 1985. - C. 49-72.

Zuev G.V., Bondarev V.A., Samotoy Y.V. Dinâmica plurianual da pesca da espadilha do mar Negro (*Spratus phalerius* Risso) nas águas ucranianas // Rib. gosp. Ukra. - 2003. - № 1. - C. 15-23.

Kramer G. Métodos matemáticos de estatística. - M.: Mir, 1975. - 468 c.

Kondratovich K.V. Long-term meteorological forecasts in the North Atlantic. - L.: Gidrometeeoizdat, 1977. - 184 c.

Kudryavaya K. I. I., Seriakov E.I., Skriptunova L.I. Marine hydrometeorological forecasts. - L.: Gidrometeoizdat, 1974. - 310 c.

Maksimov V.I. Geophysical forces and ocean waters (Forças geofísicas e águas oceânicas). - L.: Gidrometeoizdat, 1970. - 447 c.

Marty Yu.Yu., Martinsen S.V. Problems of formation and utilisation of biological productivity of the Atlantic Ocean. - M.: Pishch. Promst, 1969. - 268 c.

Maslennikov V.V. Climatic fluctuations and marine ecosystem of the Antarctic (Flutuações climáticas e ecossistema marinho do Antártico). - Moscovo: Editora VNIRO, 2003. - 295 c.

Matishov Yu.Yu., Dzhenyuk S.L., Moiseev D.V., Zhichkin A.P. Alterações climáticas nos ecossistemas marinhos do Ártico Europeu // Problems of the Arctic and Antarctic. Ártico e Antártico. - 2010. - **86**, № 3. - C. 7-21.

Mashtakova T.P., Samyshev E.Z. Structure of plankton communities in the Black Sea and its changes in 1960-1983 // Research of the Black Sea pelagial ecosystem. - M.: IOAN, 1986. - C. 238-240.

Moiseev P.A. Produção pesqueira do Oceano Mundial e sua utilização // Ocean Biol. - M.: Nauka, 1977. - VOL. 2. - P. 289-314.

Moskalenko L.V., Osadchiy A.S., Titov V.B. Estrutura vertical e variabilidade espacial e temporal dos campos hidrofísicos nos centros dos ciclos ciclónicos quase-estacionários do Mar Negro // Oceanology. - 1994. - **34**, № 3. - C. 349-355.

Nikolenko A.V., Reshetnikov V.I. Investigações sobre a variabilidade plurianual do balanço de água doce do Mar Negro // Vod. res. - 1991. - № 1. - C. 20-28.

Pankratova T.M., Bryantsev V.A. On the six-year periodicity in phytoplankton production in the deep-water part of the Black Sea // Rib. gosop. ukrashi. - 2002. № 7. - C. 34-37.

Descrição da *pesca* no Atlântico Sudoeste. - M.: GU Navegação e Oceanografia, 1984. - 145 c.

Descrição das *pescas* na zona do Sudeste do Oceano Pacífico. - M.: GUNIO, 1985. - 154 c.

Ras T.S. Fish resources of the Black Sea and their changes // Oceanology. - 1992. - **32**, Vol. 2. - C. 293-301.

Royce V.F. Introduction to fishery science. - M.: Pishch. promst, 1975. - 272 c.

Samyshev E.Z. Antarctic krill and structure of the plankton community in its area. - M.: Nauka, 1991. - 166 c.

Sidorenkov N. S. Velocidade de rotação da Terra. - http://vivoco. rsl. ru IvvI (RAN) 2004/FLUCT. HTM. - 12 c.

Sidorenkov N.S., Svirenko P.I. Mudanças plurianuais da circulação atmosférica e flutuações climáticas na primeira área sinóptica natural // Long-period variability of the environment and some issues of fishery forecasting. - M.: VNIRO, 1989. - C. 59-71.

Simonov V.I., Ryabinin A.I., Gershanovich D.E. Hydrometeorology and hydrochemistry of the seas of the USSR. Mar Negro. T. 4, vol. 2 - SPb.: Gidrometeoizdat, 1992. - 220 c.

Khramova M.N., Krasotkin S.A., Kononovich E.V. Previsão da atividade solar pelo método das médias de fase // Researched in Russia. 1169. http/zhurnal/ apo. ru// articles/ 2001/ 107. pdf.

Chizhevsky A.L. Earth Echo of Solar Storms (Eco terrestre das tempestades solares). - Moscovo: Mysl, 1973. - 348 c.

Shlyakhov V.A., Chashchin A.K., Korkosh N.I. Intensidade da pesca e dinâmica das unidades populacionais de Hamsa do Mar Negro // Biological Resources of the Black Sea. - M.: VNIRO, 1990. - C. 93-102.

Shlyakhov V.A., Chashchin A. K. Sobre o estado das unidades populacionais dos principais peixes comerciais dos mares Azov e Negro em 2000 e perspectivas da sua pesca em 2002 // Proc. de YugNIRO. YugNIRO. - 2000. - **45**. - C. 11-20.

Bibik V.A., Yakovlev V.N.. O estado dos recursos de Krill (*Euphausia superba* Dana) nas divisões estatísticas 58.4.2 e 58.4.3 da CCAMLR de 1988 a 1990. Resultados dos inquéritos acústicos // WG - Krill. - 1990. - **90**, N 17. - P. 163-173.

Cushing D.H.. Population production and regulation in the sea: a fisheries perspective. - Cambridge: Print. Great Brit. Univ. Press, 1995. - 348 p.

Livro do ano *da FAO*. - 2005. - **100**, N 1. - P. 205-231.

Piontkovski S.A., Bastin Y. Queste. Alterações decadais do ecossistema do Mar Arábico Ocidental |// Int. Aquat Res. - 2016. - **8**. - P. 49- 64. doi: 1007/S 40071-016-0124-3.

Turner J., Overland I. Contrastando as alterações climáticas nas duas regiões polares // J. Compilation (Blackwell Publ. Ltd.). Compilação (Blackwell Publ. Ltd.). - 2009. - P. 146-164.

Printed by Books on Demand GmbH, Norderstedt / Germany